AF544163

EUL
VERLAG

Reihe: Interkulturelles Medienmanagement · Band 3

Herausgegeben von Edda Pulst

Edda Pulst und Teja Finkbeiner

Firmenwelten

Länder – Netze – Fakten

2. Auflage

Bibliografische Information der Deutschen Nationalbibliothek

Die Deutsche Nationalbibliothek verzeichnet diese Publikation in der Deutschen Nationalbibliografie; detaillierte bibliografische Daten sind im Internet über <http://dnb.d-nb.de> abrufbar.

ISBN 978-3-8441-0241-3
2. Auflage April 2013

Gestaltung:

Fotos: **Teja Finkbeiner**
Gesondert bezeichnete Fotos von Henkel AG & Co. KGaA, SMS group, SMS Demag

Grafiken: **Michaela Ahrlé, Sarah Madre**
Gesondert bezeichnete Grafiken von MAN Ferrostaal, Henkel AG & Co. KGaA, SMS group

Layout: **Sarah Madre**

Titelbild: **Sarah Madre**

Lektorat: **Dr. Hajo Buch**

Printed in Germany

JOSEF EUL VERLAG GmbH
Brandsberg 6
53797 Lohmar
Tel.: 0 22 05 / 90 10 6-6
Fax: 0 22 05 / 90 10 6-88
http://www.eul-verlag.de
info@eul-verlag.de

Bei der Herstellung unserer Bücher möchten wir die Umwelt schonen. Dieses Buch ist daher auf säurefreiem, 100% chlorfrei gebleichtem, alterungsbeständigem Papier nach DIN 6738 gedruckt.

Statt eines Vorworts

In Düsseldorf und Essen haben sie als Ingenieure, Betriebswirte, Chemiker oder IT-Fachleute Arbeitsverträge bei MAN Ferrostaal AG, Henkel AG & Co. KGaA oder SMS Demag AG unterschrieben – und dann treibt sie die Internationalisierung der Wirtschaft um die Welt.

Inhaltsverzeichnis

EIN MARKENARTIKLER

EIN MASCHINENBAUER

Glasfaserkabel in den Ozeanen

Das Leitungsnetz des Internets

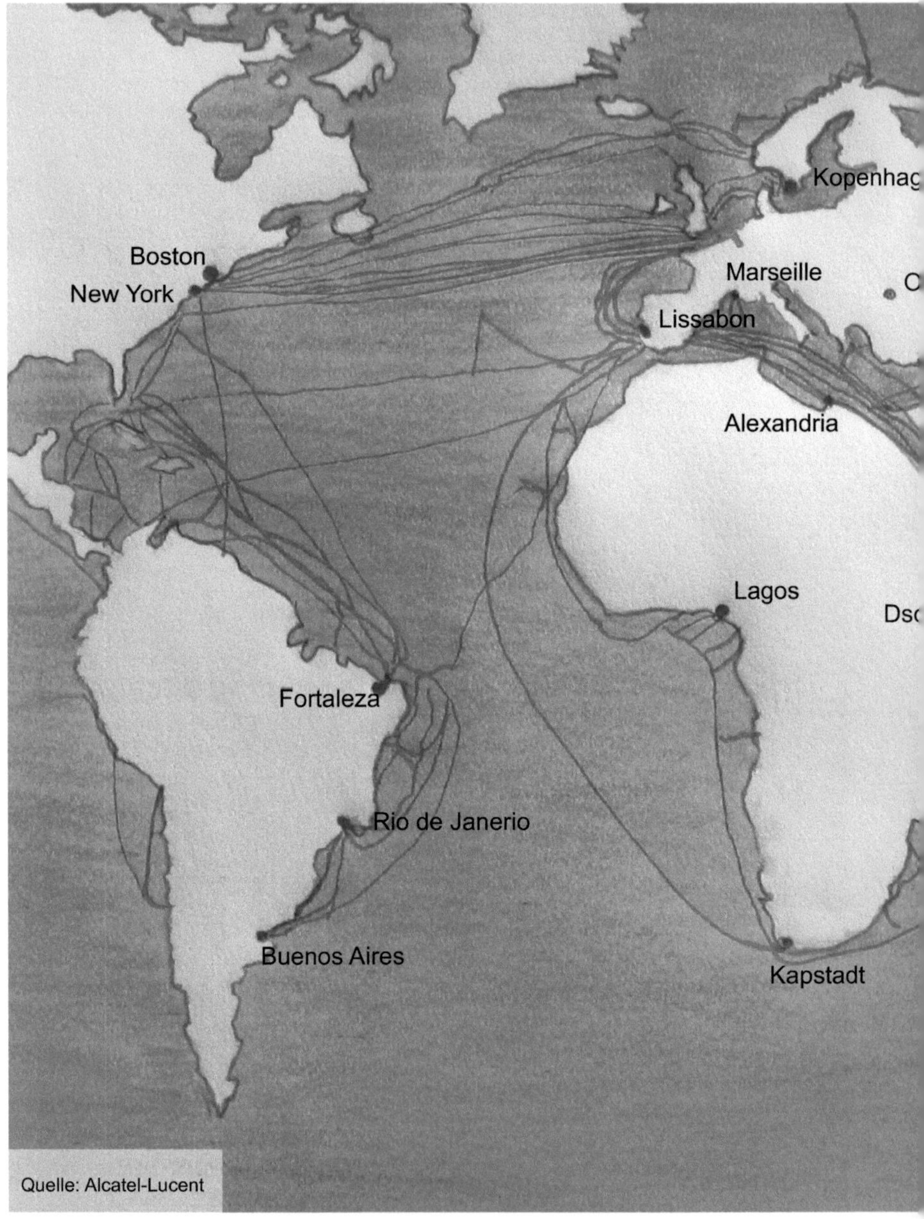

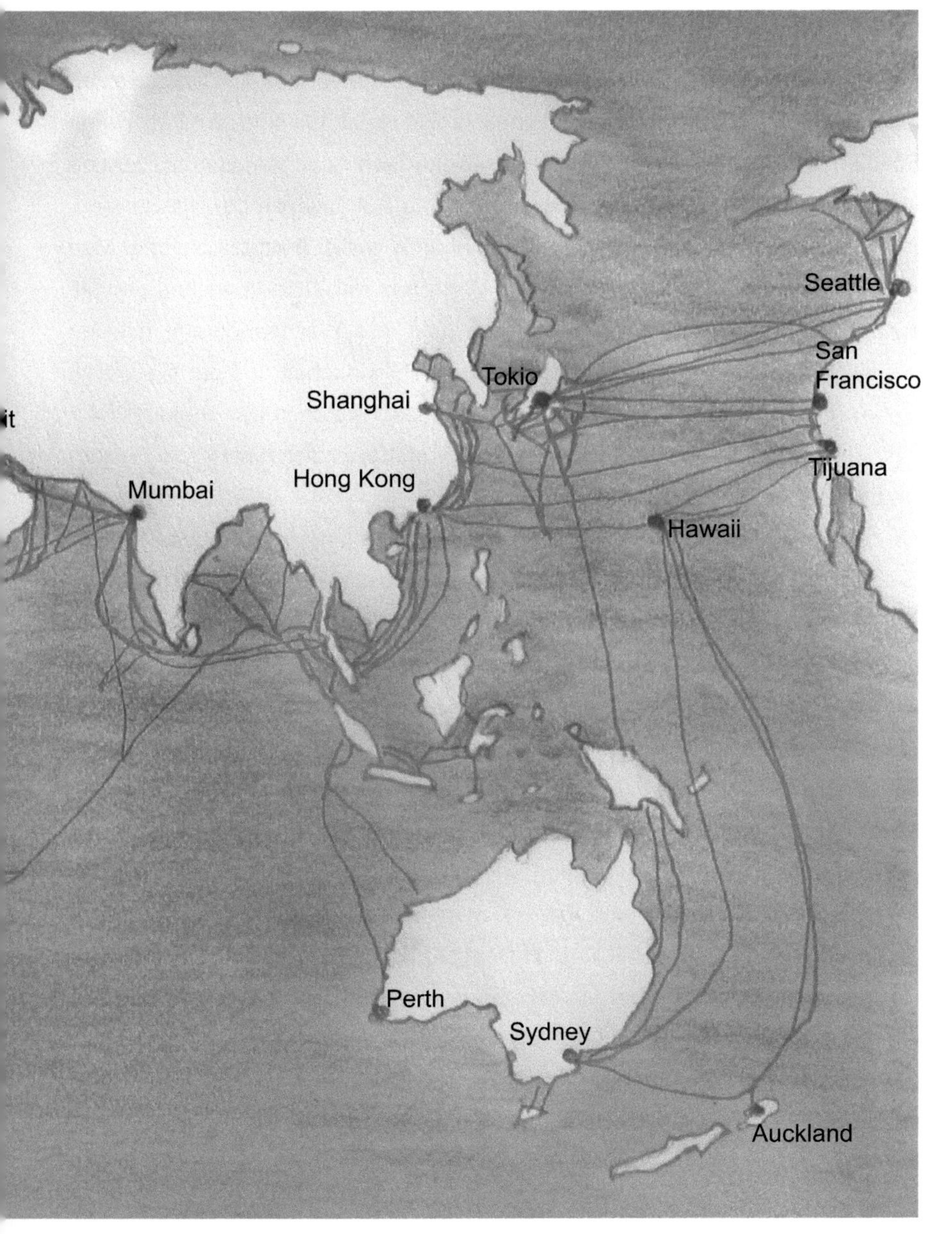
Seattle
San Francisco
Tokio
Shanghai
Tijuana
Mumbai
Hong Kong
Hawaii
Perth
Sydney
Auckland

Die Welt der Firmen

Studiengänge der Wirtschaftswissenschaften sind genauso wie die entsprechenden Arbeitsplätze in der Wirtschaft immer mehr geprägt von Spezialisierung. Es liegt in der Natur des Spezialisten- oder Expertentums, dass der Blick auf einen relativ kleinen Teil eines Fachgebiets beschränkt bleibt. Wir sind im Alltag, in den Schulen und Hochschulen, in Wissenschaft und Technik angewiesen auf bzw. oft abhängig von den besonderen Fähigkeiten und Kenntnissen der Spezialisten. Aber die Gefahr ist groß, dass Zusammenhänge außer Betracht bleiben. Man kann, schreibt Helmut Schmidt, unsere Wirtschaft nur dann verstehen und sie nur dann erfolgreich beeinflussen, wenn man ihre Wechselwirkung mit den vielfältigen Faktoren und Entwicklungen der Weltwirtschaft und der Weltpolitik einbezieht. Uns geht es in dieser Schrift um das Verstehen des Begriffes Vernetzung, und wir suchen Antworten auf die Frage, was sich hinter dem Schlagwort Globalisierung verbirgt.

Es fehlt noch an Steuermechanismen und verbindlichen Regeln für die Globalisierung. Dass sie als unumkehrbarer Prozess stattfindet, dafür sprechen viele Anzeichen. So hat in den letzten Jahren der Welthandel zugenommen, und noch viel stärker haben sich die Direktinvestitionen der Wirtschaft im Ausland vermehrt. Viel Geld ist über den Globus geflossen bei der Gründung neuer Werke, beim Ankauf bestehender Werke oder bei Firmenzusammenschlüssen. Ein eindruckvolles Lehrbeispiel für die enge Verflechtung des weltweiten Kapitalmarktes haben wir Ende 2008 erfahren. Ein „Störfall“ im US-Kreditwesen hat ausgereicht, eine Kettenreaktion zu erzeugen, die schließlich in eine globale Finanzkrise mündete und eine Rezession einläutete, die auch die sogenannte „reale Wirtschaft“ und damit uns alle empfindlich trifft. Das hat die Politik in nie gekanntem Maße wieder ins Spiel gebracht. Die Deregulierer von gestern regulieren einen außer Rand und Band geratenen Weltmarkt.

Dass neue ernstzunehmende Mitspieler wie China und Indien, zunehmend auch arabische und lateinamerikanische Länder auf den Plan getreten sind, hat die Globalisierung weiter vorangetrieben. Hinzu kam eine beschleunigte Entwicklung der Technik. Die war schon vorprogrammiert, weil in den klassischen Industrienationen nur noch im technisch gehobenen, somit tertiären Dienstleistungsbereich Wachstumsraten von Bedeutung zu erzielen sind. Außerdem bedarf die Zunahme der Weltbevölkerung und damit verbunden die Lösung globaler Energie- und Umweltprobleme technischer Innovationen.

Parallel zur Weltweitvernetzung von Handel, Finanzwelt und Verkehr haben sich grenzüberschreitende Aktivitäten großer Industrie- und Dienstleistungsunternehmen verstärkt. Da ist von „Offshoring“ und „Onshoring“ die Rede, von Kulturberührung, „Outsourcing“, „Supply Chain“ und „internationalen Kooperationsprodukten“; da wird gesprochen von „Produktanpassung für Regionalmärkte“, „Internationalem Talentmanagement“ und „Standardisierung“. Es ist eine weitere Absicht dieses Buches, wichtige Schlüsselbegriffe der Globalisierung zu erläutern. Dies geschieht nicht nur in abstrakter Form, sondern konkret und anschaulich am Beispiel von Unternehmen, die sich seit vielen Jahren erfolgreich auf dem Weltmarkt behaupten. Diese Beiträge sind entstanden in enger Zusammenarbeit mit den Firmen MAN Ferrostaal AG, SMS Demag AG und der Henkel AG & Co. KGaA.

Hand in Hand mit der immer engmaschigeren Vernetzung der Welt geht die Entwicklung der Informationstechnologie. Sie ist und bleibt ein wesentlicher Teil des Globalisierungsprozesses. Seit Jahrzehnten gehört sie zu den Branchen mit den größten Wachstumsraten. Innovationen auf dem Gebiet der Internetnutzung und deren Vermischung mit dem Mobilfunkbereich brachten neuen Schwung in den Geschäftszweig – und für Industriebetriebe neue Anwendungsoptionen. Eine Blackberry-Lösung, die den im Ausland Beschäftigen Zugriff auf Firmen- und Länderinformationen gewährt, wird beschrieben, dazu eine Auswahl von Software, die zum „Rückgrat“ moderner, international operierender Betriebe gehört – Standard-Anwendungs-Software, Portale, Citrix-Lösungen, CAD-Systeme, Simulationssoftware, Talentmanagement-Software und Kollaborationssysteme.

Je stärker Unternehmen international agieren, desto mehr sehen sie sich konfrontiert mit den Eigentümlichkeiten verschiedener Länder. Dazu gehören unterschiedlichste geographische Gegebenheiten genauso wie kulturelle Unterschiede.

Professioneller Umgang mit fremden Kulturen und politischen Systemen, die sich doch erheblich von den vertrauten demokratischen Staatsstrukturen unterscheiden, gehört heute schon zum Alltagsgeschäft multinationaler Betriebe.

Berichte und Reportagen über einzelne Länder um den Persischen Golf, über China und über kulturprägende Phänomene werfen Schlaglichter auf Regionen, die in zunehmenden Maß in weltweite Wirtschaftskreisläufe eingebunden sind.

Wir danken für die freundliche Unterstützung

MAN Ferrostaal AG, Henkel AG & Co. KGaA, SMS group
sowie Freunden und Kollegen.

EIN INDUSTRIEDIENSTLEISTER

„Vater der Gazelle"

Bis auf den letzten Platz ist der Etihad-Airbus von München nach Abu Dhabi ausgebucht. In sanftem Gleitflug nähert sich die Maschine ihrem Heimatflughafen, überfliegt den hellen Sand der Wüste und das dunkle Meerwasser des Persischen Golfs, bevor sie in die Hitze der Hauptstadt der Vereinigten Arabischen Emirate hineinlandet. Von oben war schon klar, dass es nichts Altes gibt in dieser Inselstadt, die über Brücken mit dem Festland verbunden ist. Breite autobahnartige Straßen, hohe Häuser, alles sauber und winklig angeordnet, eine Stadt auf dem Reißbrett entworfen, für Autos gebaut und nicht für Menschen.

Ein paar Palmen und Stoffplanen spenden spärlichen Schatten im Beach- Areal des Hilton Hotels, das unweit des Prachtboulevards „Corniche" liegt.

Acht Ventilatoren laufen auf Hochtouren und schaffen es doch nicht, ein wenig Frische in die feucht-heiße Kunstwelt zu pusten. Ein schmaler Streifen Sandstrand, ein bisschen Meer, eingerahmt von wellenbrechenden Mauern dahinter eine dunstige Skyline, dazwischen tummeln sich Touristen. Ein freundlicher Pakistani, der froh ist um seinen Posten als Taxifahrer und Fremdenführer, zeigt uns die Sehenswürdigkeiten der Stadt, das sind vor allem Glaspaläste und Häuserschluchten. Ein altes Fort und die Minarette der Moscheen – Rellkte der Vergangenheit – wirken klein und verloren inmitten dieser Ungetüme aus Beton, Glas und Stahl.

Festung Qasr al Hosn in Abu Dhabi

Das Cultural Heritage Village, eines jener nachgebauten historischen Dörfer, gewährt Einblick in die Geschichte des Nomadentums und traditionellen Handwerks. Vor der Hochhauskulisse, die hinter der Museumsinsel aufragt, wird besonders deutlich, wie weit sich die Bewohner Abu Dhabis von den Wurzeln ihrer Kultur entfernt haben. Nicht ohne Grund wächst die Angst, nach dem gewaltigen Sprung in wenigen Jahrzehnten von den Kamelrücken in Geländefahrzeuge, vom Nomadenzelt in klimatisierte Häuser die Bodenhaftung zu verlieren.

Abu Dhabi: Minarett

Wir umrunden – Pflicht für jeden Besucher – das berühmte Emirates Palace Hotel. In diesem einen Kilometer langen Gebäudekomplex der Superlative vor dem überlebensgroßen Bildnis des 2004 verstorbenen „Vaters des Emirats“, Sheikh Zayed, frönen ein paar Superreiche einem unglaublichen Luxus. Dem obersten Staatsorgan der Föderation, das sind die Scheichs der sieben Emirate, bietet der „Palast“ mit seinen siebentausend Türen, einhundertzwanzig Küchen und tausend Kristallleuchtern den würdigen Rahmen für ihre Zusammenkünfte. Die Sightseeing-Tour führt in die Außenbezirke. Da gibt es den Public Beach mit Parkplätzen unter Palmen und in gebührendem Abstand die Paläste der Oligarchen. Je höher der Rang des Bewohners, desto höher und prächtiger die umgebende Mauer. Was sich dahinter an Reichtum und Luxus verbirgt, lässt sich erahnen. Die Statistik jedenfalls spricht eine deutliche Sprache: Jede einheimische Familie beschäftigt im Durchschnitt zwei Hausmädchen, einen Chauffeur und einen Gärtner. Die Bediensteten kommen, wie alle, die in den Emiraten körperliche Arbeit verrichten, aus Ländern der dritten Welt. Nicht einmal

fünf Millionen Menschen leben in den Emiraten, davon sind grob geschätzt achtzig Prozent Ausländer. Sie verdienen oft das Doppelte wie in ihren Herkunftsländern und erhalten kostenlos Unterkunft und Krankenfürsorge.

Für Spezialisten aus ohnehin wohlhabenden westlichen Staaten ein gutes Einkommen. Aus der Sicht der Pakistani, Inder, Indonesier und all der anderen Arbeitsimmigranten aus armen Ländern, die auf Baustellen buckeln, bedeutet das: Spitzenlöhne bei guten Arbeitsbedingungen. Aus Sicht der weiße Dish-Dasha-tragenden Einheimischen „Peanuts“. Die Ausländer, „Expatriates“, gleichgültig ob Spitzenverdiener oder Billiglöhner, können nicht Staatsbürger der Emirate werden. Nur wer Arbeit hat, darf bleiben. Die Zukunft der kleinen Globalplayer, die in den Vereinigten Arabischen Emiraten (VAE) begrenzte Zeit verweilen dürfen, bleibt ungewiss; ihr Leben, getrennt von ihren Familien, auf Dauer ein unzumutbares Provisorium. Die kommende Zeit der „Großen“ von Abu Dhabi, zu deutsch „Vater der Gazelle“, scheint zunächst gesichert. Aber das kann sich ändern, wenn einmal die Ölquellen versiegen.

Stippvisite in Dubai und Kish

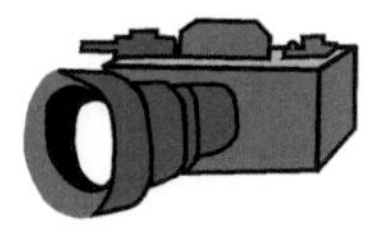

Futuristisch, was zu beiden Seiten des Dubai Creek, jenes schmalen Meerarmes des Persischen Golfs, in den Wüstenhimmel ragt. Das 321 m hohe Hotel Burj Al Arab und der Turm von Dubai, mehr als 700 Meter hoch, sind die alles überragenden Symbole des Fortschritts. Das Emirat ist ein kleines Land, eine Stadt der Superlative eigentlich, umgeben von Sand. Gewagte architektonische Bauwerke, eine hypermoderne Glitzerwelt mit sechsspurigen Straßen, Technologieparks, Bürotempeln und Banken. Dubai hat sich zu einer der Drehscheiben für Dienstleistungen, Finanzen und Waren des Nahen Ostens entwickelt; es zählt zu den reichsten Staaten dieser Welt. Der Bauboom hält an. Man beginnt, sich künstliche Welten zu schaffen. In den ehemaligen Revieren der Perlentaucher und Fischer sind die künstlich angelegten Inselgruppen „Palm“ und „The World“ entstanden. Sie bieten Luxushäuser mit Pools,

Luxushotel Burj al Arab – Wahrzeichen Dubais

Hubschrauberlandeplätzen und Anlegemöglichkeit für Yachten – und sind umgeben von den Spielwiesen der neuen Zeit: Parks, Tennisplätze und Golfanlagen.

Einmal die Wichtigkeit eines Themas erkannt, zögern die Scheichs nicht lange mit der Umsetzung, an Mitteln dafür fehlt es nicht. Die Bildungsminister von 22 arabischen Staaten, die an der Zayed University in Dubai tagten, beschlossen: „Unsere Studenten müssen zielgerichtet auf die Erfordernisse eines globalen Marktes hin ausgebildet werden.“ Effizienz und Effektivität der Hochschulbildung schrieb man sich auf die Fahnen. Ein paar Jahre später studieren am Riesencampus des „Dubai Knowledge Village“ zehntausend Studenten, und schon bald soll sich ihre Zahl verdoppeln. In den zwei Dutzend Zweigstellen der internationalen Universitäten, die sich dort eingenistet haben, läuft das Geschäft mit Forschung und Lehre auf Hochtouren. Dabei zählt dieses zweitgrößte der sieben Emirate nur 1,37 Millionen Einwohner – und davon sind mindestens 80 Prozent Ausländer. Die Arbeitsmigranten aus Indien, Pakistan und Bangladesch profitieren allerdings nicht von den Segnungen der höheren Bildung. Die kommt nur einer Minderheit von ungefähr 200.000 Einheimischen zugute. Spezialisten aus Europa, Kanada und USA hingegen haben gute Chancen auf einen lukrativen Arbeitsplatz.

Petro-Dollars machten dieses ungezügelte Wachstum möglich. Aber man täusche sich nicht. Inzwischen hat die Wirtschaft eine solche Eigendynamik entwickelt, dass nur noch 7% des Bruttoinlandsprodukts vom Öl kommen. Freihandelszonen und weitgehende Steuerfreiheit locken erfolgreich private Investoren. Ob im Bereich Finanzwirtschaft, Bildung, Bauwirtschaft, Tourismus – die Grenzen des Wachstums sind nicht zu erkennen.

Kish Island

Von solcher Entwicklung kann man auf der anderen Seite des Persischen Golfs, in der Islamischen Republik Iran, nur träumen. Eine gute Flugstunde von Dubai, auf der Insel Kish, glaubt man sich in einer anderen Welt. Freihandelszone auch hier – und Öl und Gas hat auch der Iran zu verkaufen. Aber die Shoppingcenters auf der Koralleninsel machen sich im Vergleich zu den Emiraten bescheiden aus, und vom angekündigten Technologiepark-Großprojekt „Flower of the East“ existieren weiterhin nur Blaupausen. Kish wartet vergeblich auf Investoren und Touristen – und die Universität auf internationales Studierpublikum und ausländische Dozenten. Immerhin, es gelang innerhalb von zwei Jahren, eine Zweigstelle der University of Teheran auf Kish zu etablieren. 120 zahlende Masterstudenten und ihre Professoren fliegen für drei Tage pro Woche auf die Insel. Gelernt wird, so hat es den Anschein, um des Lernens willen. Während sich hierzulande Betriebe um gut ausgebildete Jungakademiker reißen, landen iranische Studienabgänger häufig auf der Straße. Gerade im Bereich IT nützt es letztlich wenig, die modernsten Systeme zu kennen, wenn die Chance fehlt, diese auch international anzuwenden. Die angespannte politische Lage, amerikanische, vermehrt auch europäische Embargopolitik und die starre innen- und außenpolitische Haltung der Ayatollas, die schwindenden Einfluss fürchten, entpuppen sich als Wachstumsbremsen.

Hauptsehenswürdigkeit auf Kish Island

Land des Weihrauchbaums

Trotz komfortabler und angenehm klimatisierter Fahrzeuge, beschwerlich ist noch heute die Fahrt von Muscat, der Hauptstadt Omans, nach Salalah. Tausend Kilometer Einsamkeit. Flaches Wüstenland, manchmal sind Grasbüschel oder vertrocknete Büsche zu sehen. Die farbigsten Punkte in dieser flimmernden Einöde sind die Tankstellen von Oman Oil und Shell. Ein paar davon gibt es in den wenigen trostlosen, staubigen und menschenleeren Ortschaften.

Inner-Oman

Immerhin, die einzige und wichtigste Straße, die das nördliche Oman mit der Küstenregion am Arabischen Meer verbindet, ist geteert, zweispurig und von erstaunlicher Qualität. Keine Fata Morgana sind die Funkmasten der omanischen Telecom, die in regelmäßigen Abständen die Straße säumen. Weil häufig Kamele die schnurgerade Straße kreuzen, wird von Nachtfahrten abgeraten. Eine Nacht muss man deshalb am Rande des Rub al Khali verbringen. Erst Ende der 1940er Jahre durchquerte der Brite Sir Wilfred Thesiger als erster Europäer mit einheimischen Beduinen das „Leere Viertel", so die treffende Bezeichnung für diese sandige, steinige Eintönigkeit, auf dem Rücken der Kamele. Längst verweht sind die Spuren des mutigen Entdeckers.

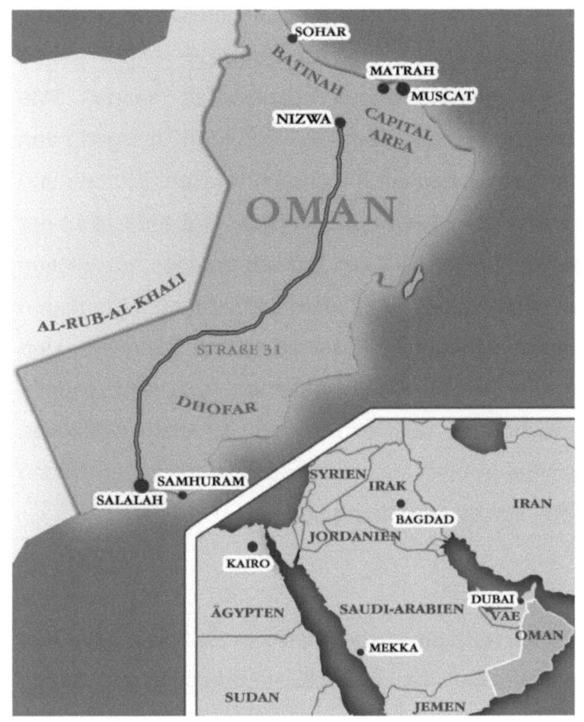

Die holprigen Pisten, die von der Straße Nr. 31 Nizwa-Salalah abzweigen, führen zu den Ölfeldern. Einst nomadisierende Beduinen haben in vertrauter Umgebung neue Arbeit gefunden. In blaue Kombis gekleidet, den Kopf unter gelben Helmen, die Augen geschützt mit dunklen Brillen, verrichten sie ihre Arbeit in brütender Hitze: Sie halten die Aggregate in Schuss, die das Rohöl in stählerne über dem Sandboden verlegte Röhren in die große unterirdische Pipeline pumpen, durch die das „schwarze Gold" über Hunderte von Kilometern zum Ölverladeterminal Mina al-Fahal fließt. Der Hafen liegt westlich von Muscat am Golf von Oman, von hier starten die Öltanker in alle Welt. Der Großteil der Exporteinnahmen des Sultanats, nämlich 80 Prozent, kommt vom Öl und Gas.

Ölpumpen in Oman

Vor dem Gebirge, das parallel zur Südküste Omans verläuft, staut sich der sommerliche Monsun. Der bringt genug Feuchtigkeit, um das Dhofar fruchtbar zu machen. Wie ein Wunder empfinden wir diesen abrupten Übergang von platter Wüste in eine liebliche Berglandschaft mit grünen Wiesen, Blumen und satten Wäldern. Ins Alpenvorland glaubt man sich versetzt, wäre da nicht der Blick auf die flachen, weißgetünchten Häuser von Salalah und den makellosen Sandstrand am türkisfarbenen Arabischen Meer. In den großzügigen Plantagen um Salalah wachsen Papayas, Mangos, Kokosnüsse und Bananen. Und in eingezäunten Arealen, in den Bergen Richtung Jemen auch wild, gedeiht Boswellia sacra, der Weihrauchbaum, dessen Harz seit Urzeiten kultischen Zwecken dient und als Heilmittel in Gebrauch ist. In der katholischen Kirche symbolisiert der Weihrauch Reinigung, Verehrung und Gebet.

Glückliches Arabien

„Felix Arabia“, glückliches Arabien nannten in vorchristlicher Zeit die Römer den südlichen Teil der Arabischen Halbinsel. Bis zu den Küstenregionen des Jemen und Oman sind sie nicht vorgedrungen, die damaligen Herren der Welt. Die Wüste bildete die Barriere. Und so war im Imperium Romanum nicht bekannt, wo sie eigentlich herkamen, die wertvollsten, begehrtesten Rohstoffe der Antike, die exotische Kamelkarawanen durch die unwirtlichen Wüsten Innerarabiens nach Kairo, Gaza und ins Zweistromland Mesopotamien, den heutigen Irak, transportierten: Der Harz des Weihrauchbaumes kam aus dem Dhofar; Pfeffer und andere Gewürze, Edelhölzer, Elfenbein, Edelmetalle und Seide hingegen aus Ostafrika und Indien. Lange bevor sich die Seefahrer der Iberischen Halbinsel mit ihren Karavellen auf das offene Meer hinauswagten, verstanden die Araber bereits mit ihren Dhaus die Passatwinde des Indischen Ozeans zu nutzen. Zwischen der Westküste des indischen Subkontinents, der Ostküste Afrikas und dem Orient ging der Fluss der Waren und von dort weiter über Land. In der Nähe von Salalah haben Archäologen die Ruinen der Hafenstadt von Samhuram ausgegraben. Die Einfahrt in die schützende Bucht ist längst versandet, die verfallenen Mauern stehen auf einer Anhöhe mit offenem Blick aufs Meer. Hier war der Anfang der Weihrauchstraße, dieses legendären 3.500 km langen Trampelpfads für Kamele. Er führte vorbei an Mekka und Medina über Jordanien bis zum Mittelmeer und spülte Reichtum in viele Taschen. Es sollte noch lange dauern, bis Herkunft und Handelswege der begehrten Rohstoffe der damaligen Zeit ins Bewusstsein des Abendlandes drangen. Als es soweit war, entpuppte sich der Islam neben der Wüste als neues Hindernis, das den direkten Weg zu Weihrauch und Gewürzen versperrte. Erst im Zeitalter der großen Entdeckungen um 1500 gelang es den Portugiesen, das Handelsmonopol der Ostafrikaner, Araber und Inder zu knacken. Vasco da Gama startete in Lissabon, umrundete die Südspitze Afrikas und fand den Seeweg nach Indien, und damit wurde es möglich, die Weihrauchstraße zu umschiffen. Ein paar Jahre später standen portugiesische Kanonen auf Hormuz und kontrollierten den Persischen Golf und die Schifffahrtsstraßen im Indischen Ozean.

Hormuz, wo noch heute die portugiesischen Kanonen zu besichtigen sind, ist auch im dritten Jahrtausend von strategischer Bedeutung. Die Meerenge am Persisch-Arabischen Golf ist der Eingang zu den weltgrößten Erdölreserven. Iraner und die vorwiegend in Qatar stationierten amerikanischen Truppen stehen sich Gewehr bei Fuß gegenüber.

Eine Ära ging zu Ende. Das Glück hatte Arabien vorübergehend verlassen. Aber es kam wieder in anderer Gestalt. Eine neue Zeitrechnung begann, als Ende der sechziger Jahre der erste mit Erdöl beladene Tanker vom omanischen Ufer ablegte.

Oman und die Moderne

„Nur Allah weiß, was vorgeht in Oman", sagt ein arabisches Sprichwort. Und immer noch geheimnisvoll sind das Treiben im Dämmerlicht der Souks, das Leben zwischen den Palmen der Wadis und die Fischerei an der Küste des Arabischen Meeres. Auch in den unendlichen Weiten der Wüste und den schroffen Bergen bestimmt noch häufig die Natur den Rhythmus der Menschen. Aber es hat sich viel verändert bei den Söhnen der Wüste, seit ein behutsamer Reformer vom Sultansthron die Geschicke des Landes bestimmt. Endgültig vorbei die Zeit der Isolation und wirtschaftlichen Stagnation. Sultan Quabos Ibn Said, 1970 durch eine Palastrevolution an die Macht gekommen, befriedete das von Bürgerkrieg geplagte Land und begann konsequent die Ölgelder in die Entwicklung des Landes zu investieren. Erst ließ er Krankenhäuser und Schulen bauen, dann Straßen und ein Mobilfunknetz. Um die Neubauten der Hochschulen in Nizwa, Muscat und Sohar liegt noch der Bauschutt.

In der Capital Area, der Hauptstadtregion, präsentiert sich der Fortschritt am deutlichsten. In den Buchten von Muscat und Matrah drängen sich auf engem Raum über eine halbe Million Menschen. Und sie leben gut in den Häusern im traditionellen Baustil zwischen Palästen, Regierungsgebäuden und vereinzelten glitzernden Filialen japanischer Autofirmen. Auf den mehrspurigen Stadtautobahnen wälzt sich beachtlicher Verkehr, den die Sechszylinder-Landcruiser von Toyota dominieren. Das Angebot der riesigen klimatisierten Kaufhäuser von „Lulu" lässt keine Wünsche offen. Die Frauen mit ihren modischen schwarzen Abayas und die Männer mit den blütenweißen Dish-Dashas und Turbanen haben offensichtlich genug Omani Rial in der Tasche, um nach Herzenslust zu konsumieren.

Dish-Dasha und Abaya – die traditionelle Kleidung in OMAN

Am makellosen Sandstrand außerhalb der Stadt sind Hotels der gehobenen Klasse entstanden. Im Schatten von Palmen lassen sich europäische Gäste in stilvollem Ambiente von freundlichem Personal aus Entwicklungsländern verwöhnen. Die Palmzweighütten in der Batinah, dieses dank Bewässerung fruchtbaren Küstengürtels nordwestlich von Muscat, sind inzwischen befestigten Häusern gewichen; die Oasen entlang der schnurgeraden Autobahn von der Hauptstadt nach Nordwest gibt es immer noch. Sie bilden den Agrarraum des Sultanats.Hier in der Nähe der Stadt Sohar, des Geburtsorts Sindbad des Seefahrers, die zu Zeiten des florierenden Weihrauchhandels zu den wichtigen Hafen- und Handelsstädten des Orients gehörte, ist MAN Ferrostaal an einem Methanolwerk beteiligt.

Wie diese Firma, mit Hauptsitz in Essen, in ein länderübergreifendes Netzwerk eingesponnen ist und sich damit auf dem globalen Mark behauptet, davon handelt das nächste Kapitel.

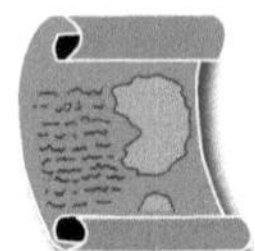

Vom deutsch-holländischen Konsortium zum Industriedienstleister

Der Erste Weltkrieg war in vollem Gang. Die Nationalstaaten Europas lieferten sich blutige Schlachten, die keine Entscheidungen brachten. Die USA, Verfechter der Idee von Freiheit und Demokratie, traten in den Krieg ein. In Russland kamen die Bolschewisten unter Lenin an die Macht und propagierten den Weltkommunismus. Das war 1917, „ein Epochenjahr" sagen die Historiker, der eigentliche Beginn des 20. Jahrhunderts, weil die künftigen großen Kontrahenten des Ost-Westkonflikts zum ersten Mal in großem Stil die Weltbühne betraten. Ausgelaugt vom Krieg und belastet mit hohen Reparationszahlungen, das war die Situation in der Weimarer Republik. Die Niederlande blieben während des Krieges militärisch neutral, trotzdem war ihre Wirtschaft stark geschwächt von den Blockaden der Alliierten. Bis in diese von wirtschaftlicher Not geprägte Nachkriegszeit reichen die Wurzeln von MAN Ferrostaal.

[1]Kurz nach Kriegsende 1919 wurde ein Konsortium „Eisen und Stahl" gegründet mit dem Ziel, die große Menge Bahnmaterial, die aufgrund der Abrüstung in Deutschland nicht mehr gebraucht wurde, ins Ausland zu verkaufen. Das war wegen der politischen Umstände nicht so einfach zu realisieren. Zwar hatte man Stahl genug, aber das Tor zur Welt war verschlossen. Man nahm die im Auslandsgeschäft versierten Niederländer ins Boot und hatte damit das Schlupfloch gefunden. Letztendlich bestand das Konsortium auf deutscher Seite aus der Metallgesellschaft Frankfurt/Main, der Aktiengesellschaft für In- und Auslandsunternehmungen in Hamburg, dem Bankhaus M.M. Warburg & Co. und der Dresdner Bank. Die Niederländer waren mit der Firma Wm. H. Müller & Co. in Den Haag und der Rotterdamschen Bankvereinigung beteiligt. Aus diesem Zusammenschluss entstand in Den Haag die Firma N.V. Allgemeene Ijzer-en Staal-Maatschappij Ferrostaal.

[1] Quelle: Der Ferrostaaler vom 25.10.2005; MAN Ferrostaal Historie

Den Begriff Globalisierung gab es noch nicht, da war die Firma bereits in ihrem Gründungsjahr 1920 in ein weitverzweigtes Netz von Geschäftsbeziehungen eingebunden. So pflegte man Kontakte nach Niederländisch-Indien, zu vielen Ländern Europas und Amerikas und mit dem Nahen und Fernen Osten. Das war genau das, was die Gutehoffnungshütte (GHH) interessierte. Dieses damals bedeutende Montan- und Maschinenbauunternehmen in Oberhausen nämlich suchte neue Absatzmärkte für seine Walzwerkprodukte, und immer noch war der Zugang zum internationalen Markt blockiert.

Man spricht von den „Goldenen Zwanzigern“, obwohl die Zeit alles andere als golden war. Nur Kunst und Literatur standen in hoher Blüte, und ein neues Lebensgefühl entstand, die „Freizeit“ wurde „erfunden“. Ansonsten herrschten Inflation, hohe Arbeitslosigkeit und Wirtschaftskrise. Im Jahr 1923 besetzten belgische und französische Truppen das Ruhrgebiet. In diesem Jahr erwarb die GHH Anteile der Ferrostaal und baute sie zu ihrer Handelsgesellschaft aus. Wenig später kam die Maschinenfabrik Augsburg-Nürnberg AG, besser bekannt unter dem Kürzel MAN hinzu. Diese frühen Fusionen bildeten die Grundlage für den heutige MAN-Konzern.

Ferrostaal AG hieß die Verschmelzung der Firmen ab 1930, und die begann sich auch ostwärts zu orientieren. Sie entwickelte sich zum Spezialisten in Geschäften mit „schwierigen“ Kunden in China, Iran und Russland, bis der Zweite Weltkrieg alles zum Erliegen brachte. Am Ende des Krieges lag Essen in Trümmern und die Firma und ihre Gebäude auch.

In einer bescheidenen Baracke befand sich die erste Schaltzentrale nach dem verlorenen Krieg. Zunächst ging es darum zu überleben. Die Firma und ihre Mitarbeiter brauchten ein Dach über dem Kopf, Brot und Kartoffeln. Und sie fanden die Wege, sich das zu besorgen. Es sollte noch Jahre dauern, bis Ferrostaal wieder festen Boden unter den Füßen hatte. Aber es gelang – und zwar gut.

Die Kompensationsgeschäfte mit Ländern im Osten, das Geschäft „Ware gegen Ware“ und die Wiederaufnahme der Geschäftsbeziehungen zu Ländern auf dem amerikanischen Kontinent waren die ersten Schritte Richtung Wirtschaftswunder,

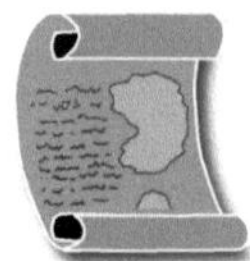

so nannte man den stetigen wirtschaftlichen Aufschwung Deutschlands bis in die 60er Jahre hinein.

Bis zum Fall der Berliner Mauer 1989, die Symbol war für die Zweiteilung Deutschlands und für den Kalten Krieg, dominierte der Ost-Westkonflikt. Hochgerüstet mit interkontinentalen Atomraketen standen sich die Supermächte USA und UdSSR gegenüber. Die Welt lebte in einem Gleichgewicht des Schreckens. Die heißen Konflikte jener Epoche, in Korea, Vietnam und die in Afrika, nannte man Stellvertreterkriege. Nach dem Zusammenbruch der Sowjetunion gab es nur noch eine Supermacht, und einige glaubten, das sei das Ende der Geschichte. War es aber nicht, wie man weiß. Es entstanden neue Brandherde und gleichzeitig Probleme, die ein Nationalstaat allein nicht mehr zu lösen vermochte.

Bei allen Turbulenzen von Geschichte und Politik gab es nun ungeheure Fortschritte in Wissenschaft und Technik, die denjenigen, die daran teilhaben konnten, das Leben enorm erleichterte. Ein halbes Jahrhundert ist es her, da wurden bei Ferrostaal die ersten Schreibmaschinen angeschafft, man „kabelte" und nutzte den Fernschreiber. Anfang 1980 kamen die ersten Computer in die Büros. Und heute sind die Mitarbeiter von Ferrostaal ausgerüstet mit Mobiltelefonen und Laptops und fliegen wie selbstverständlich von einem Kontinent zum andern, um eines ihrer Großprojekte irgendwo auf Trinidad, in Venezuela, im Mittleren Osten oder anderswo zu managen.

Nicht nur die Technik, sondern auch die Entwicklung des Unternehmens schreitet stark voran. Ferrostaal vollzieht einen Wandel vom Handelshaus zu einem Generalunternehmer im internationalen Anlagenbau und Anbieter industrieller Dienstleistungen. Seit 2004 ist das Unternehmen in über 60 Ländern unter dem Namen MAN Ferrostaal bekannt.

Eine neue Ära beginnt für MAN Ferrostaal im Jahr 2009. Die International Petroleum Investment Company (IPIC) übernimmt 70 Prozent der Anteile. MAN Ferrostaal verbindet damit ein verstärktes Engagement in der MENA-Region[1] und starkes Wachstum auf den weltweiten Märkten.

---

[1] MENA= Middle East North Africa

Präsenz und Business der MAN Ferrostaal

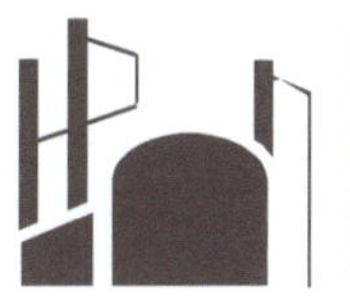

Die MAN Ferrostaal, mit Sitz der Hauptverwaltung in Essen, verfügt über ein weltweites Netz von Tochtergesellschaften, Niederlassungen, Büros und Joint Ventures. In sechzig Ländern beschäftigt das Unternehmen 4.200 Mitarbeiter.

Quelle: Geschäftsbericht 2007

MAN Ferrostaal Geschäft weltweit

- **MAN Ferrostaal Hauptverwaltung Essen**
- **MAN Ferrostaal Tochtergesellschaften**
- **MAN Ferrostaal Niederlassungen**
- **Joint Ventures / Beteiligungen**

MAN Ferrostaal gehört zur IPIC Group und versteht sich als Industriedienstleister im internationalen Anlagenbau und Maschinengeschäft. Das Unternehmen erwirtschaftete im Jahr 2007 einen Umsatz von 1,4 Mrd. Euro. Das Business besteht zum einen aus Beratung von Firmen und Service im Anlagen- und Maschinenbau bei Projekten, Verkauf und Vertrieb. Zum anderen entwickelt und managt MAN Ferrostaal als Generalunternehmer Projekte. Im Industrieanlagenbau berät das Unternehmen die Kunden schon bei Entwicklung eines Projekts und sorgt für die Finanzierungskonzepte. Als Generalunternehmer steuert MAN Ferrostaal das gesamte Projekt technisch und kommerziell und koordiniert Lieferanten und Partner aus der ganzen Welt. Schließlich verwendet die Firma auch eigenes Kapital, um sich an Projekten, für die sie beratend schon in der Entwicklung tätig ist, zu beteiligen.

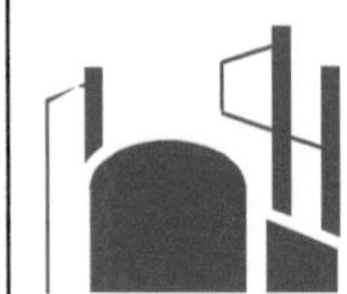

Im Service-Bereich ist MAN Ferrostaal Vertriebs- und Servicepartner für Hersteller von Maschinen und Systemen und Dienstleister für die Automobilindustrie. Die Services reichen von Vormontagen für die Automobilindustrie, über Vertrieb und Service von Maschinen für Druck, Verpackung, Transport, Rohre und Rohrzubehör bis hin zum Bau von Spezialschiffen. Für regierungsnahe Geschäfte übernimmt Ferrostaal sogenannte Gegengeschäftsverpflichtungen. Als Generalunternehmer liefert MAN Ferrostaal Großprojekte „schlüsselfertig" ab. Zu einem solchen Leistungspaket gehören: Projektentwicklung, Finanzierung, Projektmanagement und Realisierung der Anlagen. Der Vorteil dabei: Die Steuerung der komplexen technischen und kommerziellen Abläufe liegt in einer Hand. Das hilft, Reibungsverluste zu vermeiden und Kosten zu sparen. In ausgewählten Projekten beteiligt sich MAN Ferrostaal auch am Eigenkapital und wird Teil einer Projektgesellschaft, beispielsweise an der Methanolanlage in Oman. Die Beteiligungen, die jahrzehntelange Erfahrung und die Erfolgsgeschichte im Anlagenbau stellen Vertrauen her zu den Banken, die die Projekte finanzieren. Zudem unterstreichen und fördern sie die Vertrauenswürdigkeit der Projektpartner untereinander – und vielleicht die entscheidendste aller vertrauensbildenden Maßnahmen: MAN Ferrostaal wird zum Partner seiner Kunden.

MAN Ferrostaal	
Projects Generalunternehmer für den Anlagenbau	**Services** Vertriebs- und Servicepartner für OEMs
Petrochemical Anlagen für petrochemische Produkte, z.B. Kraftstoffe und Dünger	**Automotive** Just-in-Sequence-Vormontagen für die Automobilindustrie
Solar Anlagen für Solarstrom, solare Kälte, Meerwasserentsalzung	**Equipment** Vertrieb und Service von Maschinen (Druck/Verpackung, Transportsysteme, Rohre und Rohrzubehör)
Biofuels Anlagen für Biodiesel und Bioethanol	**Governmental** Abwicklung von Offsetverpflichtungen, Vertrieb von Systemtechnik
Industrial Projects Kraftwerke, Anlagen für die Öl- und Gasindustrie, metallurgische Anlagen	**Ships** Bau von Spezialschiffen für den Offshore-Bereich

Geschäftsbericht 2007, S.45

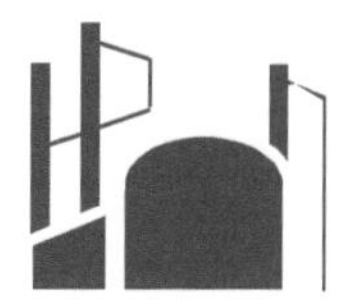

Projektschwerpunkte mit einem Auftragsvolumen von 50 Mio. bis 1,5 Milliarden € sind: Solarthermische und konventionelle Kraftwerke, Biokraftstoffe, Petrochemie und Industrieanlagen, beispielsweise für die Öl- und Gasindustrie. MAN Ferrostaal nennt sein Geschäftsmodell „Triple Value". Der Unterschied zu anderen Modellen liegt darin, dass MAN Ferrostaal über das in der Branche übliche Angebot hinausgehen kann, weil es auf Grund seiner internationalen Vernetzung auf Erfahrungen und Partner zurückgreifen kann, die bei der Planung, Durchführung und Vermarktung neuer Projekte von großem Nutzen sind. Die Firma „weiß" sozusagen, wer was am besten kann, und kennt diejenigen, die „können", und zwar auf der ganzen Bandbreite eines Projektes. Man geht damit über „Engineering, Procurement und Contracting" (EPC), womit der im Anlagengeschäft übliche „normale" Betreuungsaufwand von Planung, Einkauf und Bau verstanden wird, hinaus. Zudem verfügt MAN Ferrostaal schon im Vorfeld der Projektentwicklung über einschlägiges Know-how und wertvolle Beziehungen. Es ist beispielsweise hoch komplex, in einem arabischen Land eine Anlage zu bauen und auch noch Rohstofflieferung und Abtransport des fertigen Produkts sicherzustellen. Haben die Spezialisten für die Projektentwicklung und Finanzierung ihre Arbeit gemacht und die besten Partner für ein Projekt zusammengeführt, beginnen die der „Realisierer".

Bis zu hundert Partner und Lieferanten sind integriert in ein Großprojekt, das damit auch gleichzeitig die Plattform bildet, auf der sich das Netzwerk verdichtet und um neue Anbieter erweitert.

Dieses Geschäftsmodell steht in deutlichem Kontrast zu dem sonst im Anlagenbau üblichen Modell des „günstigsten Anbieters", der bei Ausschreibungen normalerweise den Zuschlag erhält. Es zielt auf den langfristigen Erfolg von Industrieprojekten und auf langjährige Partnerschaften.

Das Ferrostaal-Geschäftsmodell dient letztlich dazu, die am besten geeigneten Partner für die Realsierung eines industriellen Großprojekts im Zielmarkt zusammenzuführen und sicherzustellen, dass organisatorische, technische und kommerzielle Abläufe möglichst reibungslos funktionieren.

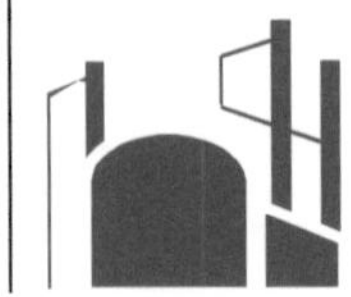

Generalunternehmer im Anlagenbau

Das Anlagengeschäft der MAN Ferrostaal ist in „Petrochemical“, „Solar“, „Biofuels“ und „Industrial Projects“ aufgeteilt.

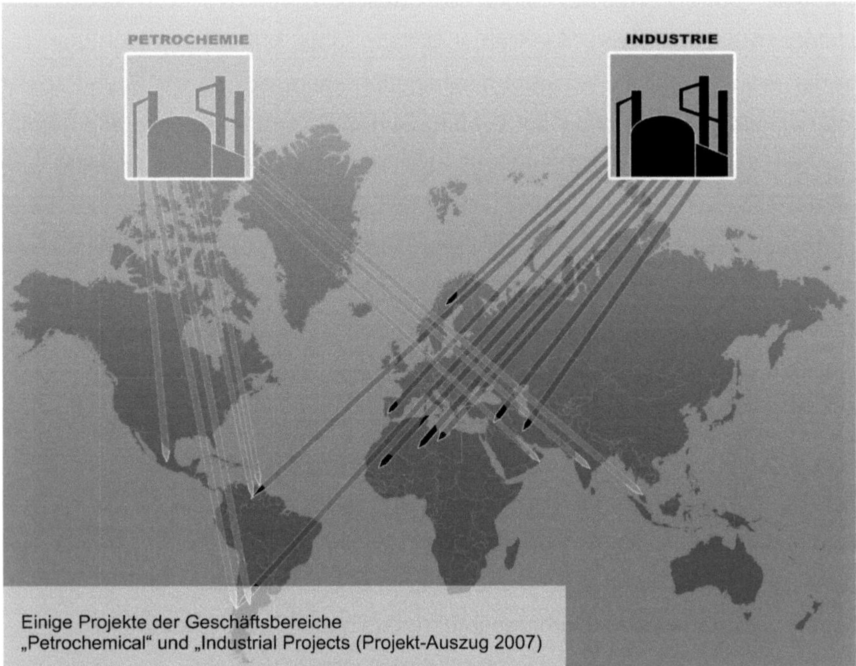

Einige Projekte der Geschäftsbereiche „Petrochemical“ und „Industrial Projects (Projekt-Auszug 2007)

Die Großanlagen der Petrochemie erzeugen beispielsweise Methanol, Ammoniak und Melamin sowie Raffinerieprodukte. Seit der Jahrtausendwende sind mehrere entstanden; im Bau befinden sich eine Ammoniakanlage und ein Komplex zur Herstellung von Düngemitteln. Allein auf Trinidad hat MAN Ferrostaal als Generalunternehmer und Mitinvestor zusammen mit den Partnern Methanol Holdings Trindidad Ltd. (MHTL) sechs Methanol- und Ammoniakanlagen errichtet. Zur Zeit entsteht ein neuer Ammoniak / UAN[1] / Melamin-Chemiekomplex bestehend aus sieben Anlagen. Auf der kleinen Karibikinsel nordöstlich von Venezuela, die Kolumbus 1498 entdeckt hat, steht die größte Methanolanlage der Welt. Fünftausend Tonnen Methanol kommen täglich in die Tanks.

[1] Urea-Ammoniak-Nitrit, Angaben MAN Ferrostaal

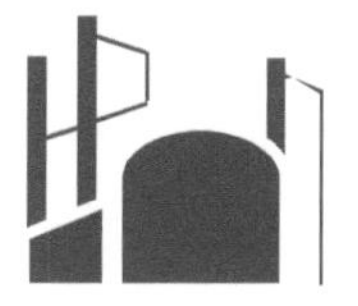

Die Weltbevölkerung – 6,7 Milliarden Menschen im Jahr 2008 – wächst um jährlich ungefähr 82 Millionen. Das sind soviel, wie die Bundesrepublik Einwohner zählt. Der Bedarf an Energie steigt, nach Schätzung der internationalen Energieagentur um 75% innerhalb der nächsten zwanzig Jahre. Die Atomkraft ist umstritten. Elektrizitätsgewinnung mit Braun- und Steinkohle, Erdöl und Gas ist problematisch, weil sie die Treibhausgase, die Ursache der Klimaerwärmung, erzeugt. Außerdem sind die Vorkommen der fossilen Energieträger begrenzt. Mit dem Einstieg in die Geschäftsbereiche Solarenergie und Biokraftstoffe will Ferrostaal sich die neuen Zukunftsmärkte erschließen. Das Deutsche Luft- und Raumfahrtzentrum hat errechnet, dass solarthermische Stromkraftwerke, auf nur einem Prozent der Fläche der Sahara gebaut, theoretisch ausreichen, den globalen Bedarf an Elektrizität zu decken. Praktisch sollen im Sonnengürtel der Erde, in Südeuropa, Nordafrika, im Nahen Osten, Australien, USA, Chile, in naher Zukunft Solarkraftwerke entstehen.

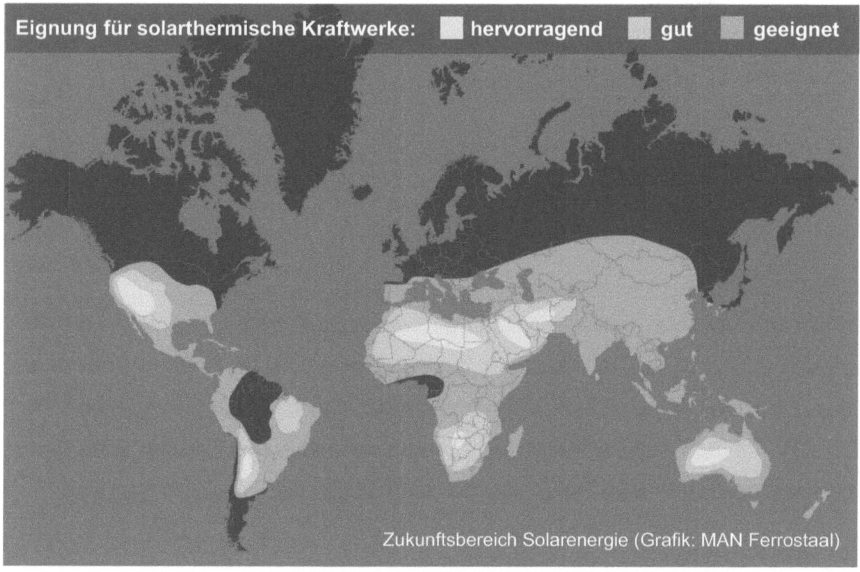

Zukunftsbereich Solarenergie (Grafik: MAN Ferrostaal)

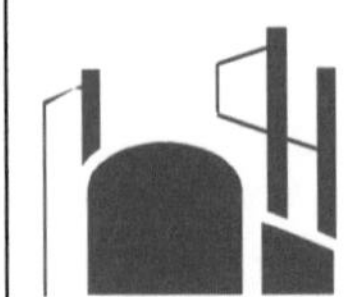

Das sind gewaltige Großprojekte, die vorausschauender Planung und mehrjähriger Vorbereitungsphasen bedürfen. MAN Ferrostaal arbeitet auf dem Gebiet Solarenergie mit Partnern zusammen, die über die entsprechende Technologie verfügen. Schon wegen der Größe der Projekte ist das Unternehmen eine Reihe von Beteiligungen und Joint Ventures eingegangen, mit Solar Millenium zum Beispiel oder der Aachener SOLITEM Group.

Im Geschäftsbereich Biokraftstoffe, bei der Herstellung von Bio-Ethanol, konzentriert sich MAN Ferrostaal auf Agrarländer in Lateinamerika und Südostasien. Biodieselanlagen sind in Polen und Holland in Bau.

Märkte für Bioenergieanlagen[1]

Im Bereich Industrie arbeitet Ferrostaal als Generalunternehmer an mehreren technischen Großanlagen. In Venezuela beispielsweise wird an einem Kraftwerk gebaut. Es ist Teil der groß angelegten Infrastruktur-Initiative des venezuelanischen Staates, mit dem Ziel die Stromversorgung des Landes auszubauen. Eine Reihe weiterer Projekte sind im Gang oder befinden sich in der Entwicklungsphase.

[1] Grafik MAN Ferrostaal

MAN Ferrostaal macht Geschäfte nicht nur als Generalunternehmer bei Projekten, sondern auch im Bereich „Service“. Dazu gehören: Vormontage für die Automobilindustrie, Vertrieb und Service von Maschinen sowie Bau von Spezialschiffen für den Offshore-Bereich.

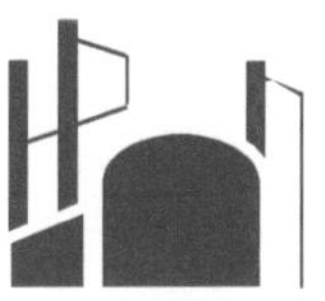

Umsatz nach Regionen 2007

	Mio €
EU	386
davon Deutschland	270
MENA	199
GUS	70
Lateinamerika	554
Rest der Welt	236
	1445

Umsatz nach Geschäftsbereichen 2007

	Mio €
Projects	694
Services	751
	1445

Umsatz nach Regionen und Geschäftsbereichen
Quelle: Geschäftsbericht 2007

Beide Geschäftsbereiche – Projekte und Services – sind in dem über sechzig Länder umfassenden MAN-Ferrostaal-Netzwerk vertreten.

Offshore und Onshore

Die Bedeutung der Begriffe Offshoring und Onshoring, die im Zusammenhang mit Prozessen der Globalisierung eine Rolle spielen, wollen wir zunächst an einem Beispiel erläutern und später verallgemeinerte Definitionen anbieten.

Auf der Karibikinsel Trinidad sind bereits über ein Dutzend chemische Großanlagen in Betrieb. Und das Bauen nimmt kein Ende. Derzeit entstehen zwei neue Anlagen, eine für Ammoniak, die andere für Melamin. Dem Laien wird es ein ewiges Rätsel bleiben, wie aus diesem Gewirr von Röhren, Kesseln und Ventilen mit hochkomplexer elektronischer Steuerung eines Tages täglich 4.300 Tonnen Flüssigdünger oder im anderen Fall 180 Tonnen Melamin herauskommen sollen. Es wird, es muss funktionieren, denn der Bedarf an diesen Stoffen ist groß. Die Weltjahresproduktion von Ammoniak, sicher eines der wichtigsten chemischen Produkte, liegt bei 125 Millionen Tonnen. Da Ammoniak Ausgangsstoff für Stickstoffdünger ist, rechnet man wegen der Modernisierung der Landwirtschaft in Entwicklungsländern mit steigender Nachfrage. Ungefähr eine Million Tonnen Melamin pro Jahr braucht die Industrie: die Möbelbauer für die Herstellung von Spanplatten und harten Oberflächen zum Beispiel oder die Auto- und Flugzeugindustrie für Lacke und nicht brennbares Material bei Polsterungen. Hier liegt die geschätzte Steigerung der Nachfrage bei sechs Prozent. Methanol, das als Kraftstoff oder Kraftstoffzusatz Anwendung findet, wird schon seit Jahren auf Trinidad in großen Mengen produziert und nach USA und Europa exportiert.

Methanolanlage

MAN Ferrostaal führte Regie beim Bau von sechs Methanol- und Ammoniakanlagen auf Trinidad. Als Generalunternehmer errichtet das Unternehmen derzeit sieben weitere Anlagen für einen Ammoniak / UAN / Melamin-Chemiekomplex. Das heißt, MAN Ferrostaal trägt die Verantwortung für die Projektentwicklung, das Projektmanagement, die Beschaffung aller Komponenten und den Bau der Anlagen. Mehr als einhundertfünfzig Zulieferer und Dienstleister gilt es zu koordinieren – eine gewaltige Aufgabe. Sieben Anlagen sind einzubinden in eine funktionierende Infrastruktur. Betonsockel sind zu bauen und Tausende von Bauteilen zu verschrauben, zu verschweißen oder anderweitig miteinander zu verbinden; und das Wichtigste, man braucht Menschen, die diese Arbeiten zuverlässig verrichten können. Je nachdem, wo die Leistungen herkommen, heißt das Offshoring bzw. Onshoring.

Offshore

bezeichnet die Leistungen, die von „außen" auf die Karibikinsel Trinidad kommen. Das beginnt mit dem Engineering. Das sind Zeichnungen, Stücklisten, Berechnungen für Bau und Montage, Pläne für Architektur und Statik, Rohrleitungsbau, Mess- und Regeltechnik. Eingeschlossen sind detaillierte Pläne und Anleitungen für Elektrik und mechanische Arbeiten. Partner in diesem Sektor waren die Toyo Engineering Cooperation aus Japan für das Basis-Engineering, die Toyo Engineering India Ltd.aus Bombay und Uhde, ein Anlagenbauer aus Dortmund, für das Detailengineering.

Offshore-Leistungen sind auch an das italienische Unternehmen Eurotecnica, an dem Ferrostaal mit 34 Prozent beteiligt ist[1], vergeben worden. Eurotecnica ist zudem Lizenzgeber für den Prozess zur Herstellung von Melamin. Ansonsten kauft MAN Ferrostaal Prozess-Einheiten, Betriebsmittelanlagen, Gebäude und Messstationen und vieles andere auf dem Weltmarkt ein. Weil bei diesem Paket der Offshore-Leistungen die Kenngrößen Produktivität, Wirtschaftlichkeit und Rentabilität immer im Auge behalten werden müssen, ist die Zusammenarbeit mit

[1] Echo Juli 2008, S. 13

einer Reihe von nationalen und internationalen Banken sehr eng. Schon der flüchtige Blick auf die Offshore-Leistungen von MAN Ferrostaal macht deutlich, wie differenziert die Zulieferung der einzelnen Komponenten von „außen“ in der Praxis abläuft. Zusammengefasst: Die Fabrik wird an einem Ort gebaut, wo die Rohstoffe sind (Trinidad). Baumaterial aller Art, Dienstleistungen und Halbfertigprodukte aus diversen Ländern werden dorthin „just in time“ geliefert. Der Offshore-Anteil des Projekts ist auch eine logistische Herausforderung.

Schaltkästen

Wasseraufbereitungsanlage

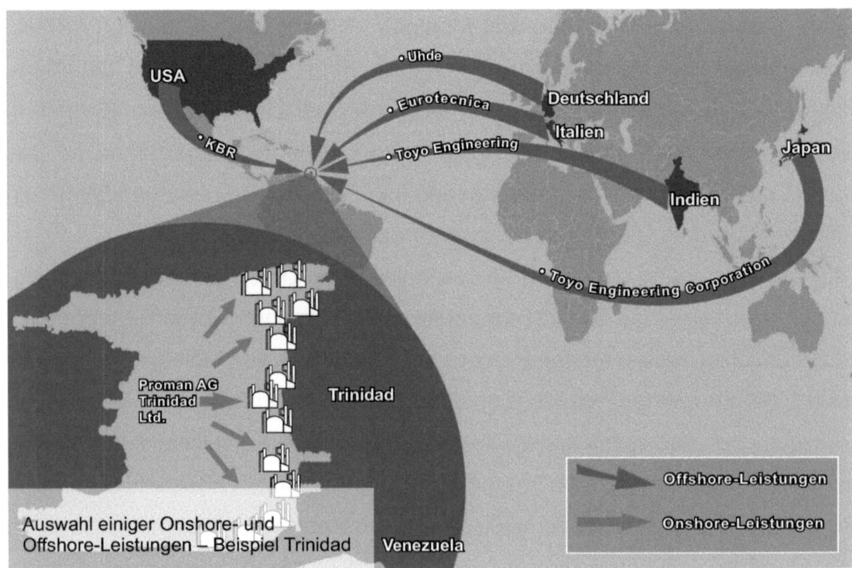

Auswahl einiger Onshore- und Offshore-Leistungen – Beispiel Trinidad

Onshore

bezeichnet die Leistungen, die von „innen“ kommen. Gemeint ist der Beitrag zum Projekt, der auf Trinidad mit natürlichen und künstlichen Resourcen geleistet werden kann. Das beginnt mit der Gewerbefläche und hört auf bei der kleinsten Dienstleistung. Auf der Insel steht mit Point Lisas Industrial Estate an der Westküste eine ca. 850 ha Fläche mit sehr guter Infrastruktur zur Verfügung. Von Bedeutung ist auch, dass es im Industriegebiet noch eine Vielzahl weiterer Betriebe gibt: Petrochemie und Stahlfertigung haben sich angesiedelt sowie viele kleine und mittelständische Produktions- und Dienstleistungsbetriebe.

Die Proman AG (Trinidad) Ltd., langjähriger Partner von Ferrostaal in der Region, übernimmt für den Chemiekomplex Bau und Montage. Sie stellt das Montagepersonal. Proman übernimmt weiter die Bauleitung und den Teil des Engineering, der mit dem „Machen vor Ort“ zu tun hat.

2009 soll der ganze Komplex schlüsselfertig an den Kunden, die Methanol Holdings Trinidad (MHTL), übergeben werden. Damit erhöht sich die Gesamtzahl der von Ferrostaal auf Trinidad errichteten Großanlagen auf dreizehn. Der neue Anlagenkomplex umfasst ein Investitionsvolumen von 1,5 Milliarden US-Dollar. Die von MAN Ferrostaal auf Trinidad getätigten Investitionen belaufen sich bis dato auf 3,5 Mrd. US-Dollar und steigen bis zum Jahr 2011 auf mehr als 4,2 Mrd. US-Dollar. Es handelt sich um die größte private Einzelinvestition, die seit Entdeckung durch Columbus auf der Insel getätigt wurde. Es ist schon ein Zeichen herausragender strategischer, organisatorischer und logistischer Leistung, dass es bislang gelang, alle Anlagen vor dem vereinbarten Termin und innerhalb des vorgesehenen Budgets fertig zu stellen, allen Herausforderungen zum Trotz, die eine über die Welt verstreute Arbeitsteilung mit sich bringt.

Während der Umgang mit weitverzweigten Offshore- und Onshore-Anteilen bei der Erstellung von Großprojekten für MAN Ferrostaal das Kerngeschäft ausmacht, tun sich andere Unternehmen offensichtlich schwer mit dieser Form der Dezentralisierung der Aufgaben.

Wie eine Befragung des Vereins der Deutschen Maschinen- und Anlagenbauer im Jahre 2007 bei 1.237 Maschinenbauunternehmen ergab, können sich die meisten

ein konsequentes Offshoring gar nicht erst vorstellen[1]. Allgemein bezeichnet Offshoring eine Form der Verlagerung unternehmerischer Aktivitäten ins Ausland. Onshoring meint die Vergabe von Dienstleistung und Produktion, oder Teilen davon, innerhalb des Herkunftslandes des Auftraggebers.

Der Begriff „Offshoring“ stammt ursprünglich aus der Finanzökonomie, in der Offshore-Zentren Steueroasen im Ausland bezeichnen, die mit niedrigen Steuersätzen und striktem Bankgeheimnis ausländische Anleger locken.[2]

Heute gehen Offshore-Geschäfte über die ganze Bandbreite von Produktion und Dienstleistungen. Meistens werden im Rahmen von Offshoring Leistungen von fremden Anbietern erbracht, zwingend ist diese Trennung jedoch nicht. Die Leistungen könnten auch aus dem Unternehmen selbst heraus erbracht werden, etwa von Tochterunternehmen, Unternehmenseinheiten im Ausland, Joint Ventures oder strategischen Allianzen, wie es bei zwei Dritteln des weltweiten Offshoring-Volumens der Fall ist.[3]

Für Friedman bedeutet Offshoring sogar noch mehr, nämlich dass ein Unternehmen seine Fabriken direkt „mit allem Drum und Dran ins Ausland verlegt“.[4]

Bei einer Befragung von 104 US-Unternehmen durch die Offshoring Research Initiative (OR) im Jahr 2006[5] gaben 97% als Grund für die Auslagerung an, Kosten einzusparen, aber bereits auf Platz zwei findet sich die Antwort, Offshoring sei Teil der Wachstumsstrategie.

Das globale Volumen des Offshoring Marktes belief sich 2004 auf Größenordnungen um 50 Milliarden US Dollar. Häufig befinden sich Anbieter und Nachfrager von Offshore-Leistungen auf unterschiedlichen Kontinenten.

Unternehmen beginnen das große Reservoir an fähigen Talenten in anderen Ländern zu entdecken. Aus diesem Grund werden ihre Entscheidungen immer häufiger von der Idee beeinflusst, dieses Potenzial auch zu nutzen. Langzeitbefragungen und zahlreiche Fallstudien legen den Schluss nahe, dass

[1] 2007 VDMA Befragung im Rahmen des Zukunftspanels der deutschen Wirtschaft
[2] DB Research 2004 S. 3
[3] ebenda
[4] Friedman, T. (2006): S. 174 ff.
[5] Lewin, A.Y.; Peeters, C. (2006): S. 18

Unternehmen durch Offshoring die Möglichkeit sehen, mehr Ingenieure und Entwickler zu beschäftigen, während sie gleichzeitig den Prozentanteil der Entwicklungskosten an den Umsätzen konstant halten.[1]

Dabei ebnen global vernetzte Datenleitungen den Weg, um „digitale Güter" wie Engineering-Leistungen international zu handeln. Weiteres Offshoring in den bereits ausgelagerten Betrieben verbilligt nochmals die Dienstleistungen.

In der IT-Branche versuchen Unternehmen ebenfalls den Aufbau globaler Entwicklungsnetzwerke voranzutreiben. Die Planungen der meisten IT-Konzerne beinhalten ein überproportionales Wachstum der Offshore-Belegschaften. Unter der Oberfläche ist damit eine grundlegende Umgestaltung der Prozesse und Leistungen in der IT-Branche verbunden.

Befragte Unternehmen der IT-Branche, die bereits Offshoring-Erfahrung haben, bezeichnen den Umgang mit Änderungen während des Projekts und den Aufbau einer partnerschaftlichen Beziehung als die größte Herausforderung. Weniger bedeutsam sind für sie die Abhängigkeit von den Offshore-Partnern oder gar die negativen Imagewirkungen von Offshoring in der Öffentlichkeit.

Offshoring findet statt, protektionistische Schutzwälle sind sinnlos. Die deutsche Bank errechnet ein mögliches Einsparpotenzial von 20-30 Prozent, obwohl gelegentliche Reibungsverluste die Strategie des Offshoring verteuern können.[2]

---

[1] Vgl. Boes, A.; Schwemmle, M. (2004)
[2] Vgl. Schaaf, J. (2004): S. 2 ff.

Weltweitgeschäft und Kulturberührung

Ein paar Kennzeichen modernen Wirtschaftens: Offshoring- und Onshoring-Leistungen treffen auf Baustellen zusammen. Projektpartner aus aller Herren Ländern sitzen an einem Tisch; Manager, Ingenieure und Arbeiter, die ein Projekt fertig stellen, kommen aus den verschiedensten Weltregionen. Mitarbeiter der über die ganze Welt verstreuten Zweigstellen und Niederlassungen leben und arbeiten im Ausland. Mit anderen Worten: Der Job all dieser Menschen bringt es mit sich, dass sie sich in fremder Kultur bewegen. Ob sie wollen oder nicht, sie sehen sich auf einen Schlag den schwer fassbaren, manchmal polarisierenden, gelegentlich einigenden Kräften einer fremden Kultur ausgesetzt. Weil Kulturberührung ein nicht mehr wegzudenkender Teil des Geschäftslebens geworden ist, fordert man interkulturelle Kompetenz. Noch gibt es keine klaren Muster, wie eine solche zu erlangen ist. Hineingehen in die andere Kultur und authentische Erfahrungen sammeln, das wäre das beste. Aber wer hat schon Zeit für diese Art des Lernens. Über Bildung zu den nötigen Einsichten zu gelangen, wäre eine gute Alternative. Wer langjährige Erfahrung in einem fremden Kulturkreis erworben hat, teilt diese den Interessierten und vor allem denjenigen mit, die in seine Fußstapfen treten. Einige Firmen, darunter auch MAN Ferrostaal, praktizieren erfolgreich diese Methode. Um auf Dauer an der „interkulturellen Front“ zu bestehen, sind eine Reihe von menschlichen Eigenschaften vonnöten. Interesse, Neugierde, Einfühlungsvermögen, historisches und politisches Wissen, Verständnis und Toleranz gehören dazu, und die kann sich keiner im Schnellverfahren einverleiben.

Vom Entstehen der Kulturen

In Afrika war die Wiege der Menschheit, von dort aus hat die Ausbreitung des Menschen über die Erdkugel ihren Anfang genommen. Ob Konkurrenzdruck, ob klimatische Ereignisse oder einfach nur Neugierde oder alles zusammen, Menschen veranlasste, sich auf die große Wanderschaft zu begeben, darüber wird immer noch geforscht. Herausgefunden hat die Wissenschaft, dass

vor 100.000 Jahren die große Wanderung des Homo sapiens begann. Vor 40.000 Jahren sind die ersten in Europa angekommen, und vor 15.000 Jahren überquerten Menschen die Beringstrasse, und dann hat es „nur" noch 2.000 Jahre gedauert, bis die ersten nach Südamerika vorgestoßen sind. In unsäglich keinen Schritten über unvorstellbare Zeiträume hinweg sind einfache Formen menschlichen Zusammenlebens entstanden. Kultur nennen wir das und meinen die Gesamtheit der geistigen, materiellen und sozialen Leistungen. Die Anpassung an Naturräume, die Entwicklung von Werkzeugen und sozialen Strukturen gehören dazu. Alles hat sich zunächst unabhängig voneinander entwickelt. Das erklärt die Vielfalt und Unterschiedlichkeit der Entwicklungen, deren Spuren wir heute noch vorfinden. Aus jagenden und sammelnden Familienverbänden und Horden sind viel später sesshafte Landwirte geworden. Dreitausend Jahre hat es gedauert, bis der Mensch fähig war, Gräser und Knollen zu kultivieren und Haustiere zu halten. In dörflichen Dauersiedlungen entstehen erste Einrichtungen, die das Zusammenleben regeln. Aus kleinen Gemeinwesen bilden sich separate Hochkulturen wie die der Ägypter, die Shang-Dynastie in China oder die der Sumerer in Mesopotamien. Erst um 500 v. Chr. endet dieses Kapitel der Menschheitsgeschichte, und das Kommen und Gehen der großen staatlichen Gebilde beginnt.

Die „erste" Globalisierung beginnt mit den ersten Migrationsstömen, „die zweite", in der wir leben, kehrt die erste um. Sie ist eine zentripetale[1] Bewegung, welche die Menschen heute weltweit mit ungeheuerer Beschleunigung aufeinander zu bewegt", wie es Teja Fiedler und Peter Sandmeyer formulieren.[2]

Trend zur technischen Einheitskultur

Mit seinen Büchern „Globalisierung verstehen" und „Die Welt ist flach", liefert Thomas L. Friedman eine Chronologie der Globalisierung, die er in drei Phasen teilt. Phase eins beginnt 1492. Kolumbus entdeckt Amerika. Das ist gewissermaßen der Startschuss des Handels zwischen den Ländern diesseits und

[1] Zum Mittelpunkt strebend
[2] Fiedler, T.; Sandmeyer, P. (2002)

jenseits des Atlantiks. Phase zwei beginnt 1800 und endet im Jahr 2000. Dieser Zeitabschnitt enthält die drei Schübe der industriellen Revolution – maschinelle Erzeugung von Waren, Automation und die elektronische Datenverarbeitung. Später sinken die Transportkosten und Telekommunikationskosten. In dieser Ära des Mikrochips und der Glasfaserkabel, schreibt Friedman, „erleben wir die Geburt und den Reifeprozess einer wirklich weltumspannenden Ökonomie in dem Sinn, dass der Austausch von Gütern und Informationen zwischen den Kontinenten ein solches Ausmaß erreichte, dass sich ein echter Weltmarkt herausbildete und globale Preisunterschiede bei Produkten und Arbeitskräften wirksam wurden". Phase drei, Jahr 2000: Das Internet funktioniert, Computer sind für viele erschwinglich und, im Vergleich zu den Anfängen, leicht zu bedienen. Dies gibt Individuen, kleinen Gruppen und Unternehmen, die bislang ausgeschlossen waren vom weltweiten Geschäft, die Möglichkeit, in nie gekanntem Maß daran teilzuhaben. In etwas mehr als zweihundert Jahren hat eine rasante Entwicklung stattgefunden, die durch Vernetzung und schnelle Verkehrsmittel der kulturellen Begegnung das Exotische nimmt und sie zum Teil eines scheinbar leicht zu erlernenden Geschäftsrituals macht, das man nach Belieben managen kann.

Schein der Grenzenlosigkeit

Weil es in der zweiten Globalisierung zur Selbstverständlichkeit geworden ist, in Sekundenschnelle Bilder, Daten und Texte um die Welt zu jagen, mit Videokonferenzsystemen und Arbeitsprozesse unterstützender Informationstechnik weltweit zu kommunizieren, und weil geschäftiges Um-den-Globus-Jetten zu den Gepflogenheiten des modernen Geschäfts gehört, hat es den Anschein, die Welt sei ein grenzenloses Dorf geworden. Aber noch gibt es kulturelle Vielfalt. Soweit noch nicht geschehen, überschwemmen normierte Technik und standardisierte Produkte die entlegendsten Regionen, und mit ihnen kommen die Techniker und Ingenieure und wundern sich über die Andersartigkeit. Wer freiwillig kommt wie die Touristen, mag dem Exotischen noch einiges abgewinnen, derjenige, der arbeiten muss in der fremdem Umgebung, hat keine Wahl.

Entweder er bringt Kompetenz mit, oder er muss sie sich mühevoll erarbeiten. Weltweit operierende Firmen haben natürlich längst erkannt, dass der Umgang mit fremder Kultur eine so komplexe Angelegenheit ist, dass vor allem junge Mitarbeiter der Unterstützung bedürfen. Inzwischen hat „Arbeiten im Ausland“ eine solche Dimension angenommen, dass man auf diesem Gebiet nichts mehr dem Zufall überlassen kann. MAN Ferrostaal bietet im firmeneigenen Magazin ECHO Hintergrundberichte über Länder, in denen Projekte ablaufen. Unter anderem wird über Land und Leute, Feste und Feiertage, Politik und Naturraum berichtet. Natürlich kann das authentische Erfahrungen nicht ersetzen. Dennoch bieten solche „Frontberichte alter Hasen“ ein unschätzbar wertvolles, solides Erfahrungswissen, das in oft jahrzehntelanger Tätigkeit vor Ort entstanden ist. Im Firmenportal sind neben Projektinformationen auch länderspezifische Informationen abzufragen und neuerdings auch in komprimierter Form auf elektronische Kleingeräte zu übertragen.

Interkulturelle Crashkurse

Interkulturelle Schnellkurse haben Hochkonjunktur. Wer Zeit hat, veranstaltet zwei- bis dreitägige Seminare, wer keine hat, verpackt „kulturelles“ Wissen in E-Learning-Einheiten. Das wichtigste in Kürze für den Auslandseinsatz gibt es auf Faltblättern. Hier erhalten die Mitarbeiter Informationen über Umgang mit Geschäftsleuten aus den verschiedensten Ländern. Details sind darin zu erfahren über das Verhalten bei Geschäftsessen und Konferenzen bis hin zu Anreden, Gesten, Körpersprache, Dresscode, Einladungen und Pünktlichkeit. Auch Hochschulen haben das Thema für sich entdeckt und versuchen ihre Studenten fit für „die“ Globalisierung zu machen. Aber statt bei der nächsten Generation Interesse zu wecken für die noch vorhandene kulturelle Vielfalt und statt den Erfahrungsschatz der Auslandsprofis zu nutzen, übernehmen viele die Taktik der Crashkurse: Irgend jemand hat „erforscht“, wie die anderen sind, also weiß man das. Aufbauend auf diese Erkenntnisse folgt das Interkulturelle Management – kombiniert mit organisiertem Training – im Hörsaal. Mit welchen Inhalten versucht wird, das Kulturthema in den Griff zu bekommen,

möge eine Liste von Stichpunkten verdeutlichen. Sie sind den Programmen solcher Crashkurse entnommen und in Teilen Richtschnur für die Fachhochschulausbildung:

Begrüßung und Anrede

Business-Kommunikation am Telefon

Dresscode und Garderobe

Erfolgsfaktoren für internationale Projekte

Fettnäpfchen im Ausland auf einen Blick

Geschäftskultur

Herrschsucht und Geiz

Hochmut und Besserwisserei

Interkulturelle Fähigkeiten

Internationale Projektteams

Kommunikation und Konversation

Kommunikationsmodelle

Konfliktmanagement

Kontaktanbahnung

Kulturdiversifizierung managen

Lösungen für Kultureinschätzung

Mangelnde Dankbarkeit

Mit Bestechung umgehen

Multikulturelle Organisationsformen

Persönliche Aktionspläne

Präsentationen im fremden Kulturkreis

Kulturprofile der Zielländer

Richtig-Falsch-Tests pro Land

Tischmanieren

Unhöflichkeit

Wie man sich Kulturen nähert

Zweideutigkeiten

In diesem Zusammenhang lässt sich eine Bocholter BWL-Professorin in ihrem Ratgeber für berufliche Auslandsaufenthalte zu der Bemerkung hinreißen: „Ich persönlich setze mir hier Grenzen und verzichte auf Kooperation mit Institutionen, die eine Wertebasis aufweisen, die zu meiner konträr ist.“[1] Eine solche Option existiert für Arbeitskräfte nicht, die in der gegenwärtigen Welt tätig sind. Sie können sich unter dem Druck der Geschäfte nicht nach ihren Vorlieben oder Abneigungen für bestimmte Werte oder religiöse Anschauungen richten. Sie bleiben im ersten Anlauf angewiesen auf ihren Bildungsstand, die Informationen, die ihnen ihre Firmen liefern, und die Erfahrung älterer Kollegen oder auf eigene Initiativen. Ob die moderne, beachtlich verschulte Bachelorausbildung, die praxisorientiertes Lernen zwar proklamiert, aber kaum umsetzt, die Wissen in Kleinsteinheiten zerstückelt, ob solche Bildung genügt, die Herausforderungen der Kulturbegegnung zu bewältigen, darf man bezweifeln. Es scheint, als müsse die global agierende Bildungsgesellschaft Methoden und Inhalte ihrer Ausbildung im unteren akademischen Segment gründlich überdenken. Allein den Betrieben die Last aufzulegen, Studenten zu interkultureller Handlungsfähigkeit zu verhelfen, ist eine unbefriedigende Lösung.

[1] Hansen, K. (2005): S. 136.

Mobiles Länder-Navigationsgerät

„Projekt- und Kultur-Navigation“ lautet der Arbeitstitel für ein noch laufendes Versuchprogramm von GCC Bocholt und MAN Ferrostaal. Es geht darum, Auslandsmitarbeitern mit Hilfe eines kleinen handlichen mobilen Endgerätes in kompakter Form die Informationen zukommen zu lassen, die zur Erledigung ihrer Aufträge nötig sind. Das Gerät soll das Navigieren in fremder Umgebung und Kultur erleichtern und zusätzlich über den letzten Stand der Dinge in der eigenen Projektarbeit informieren.

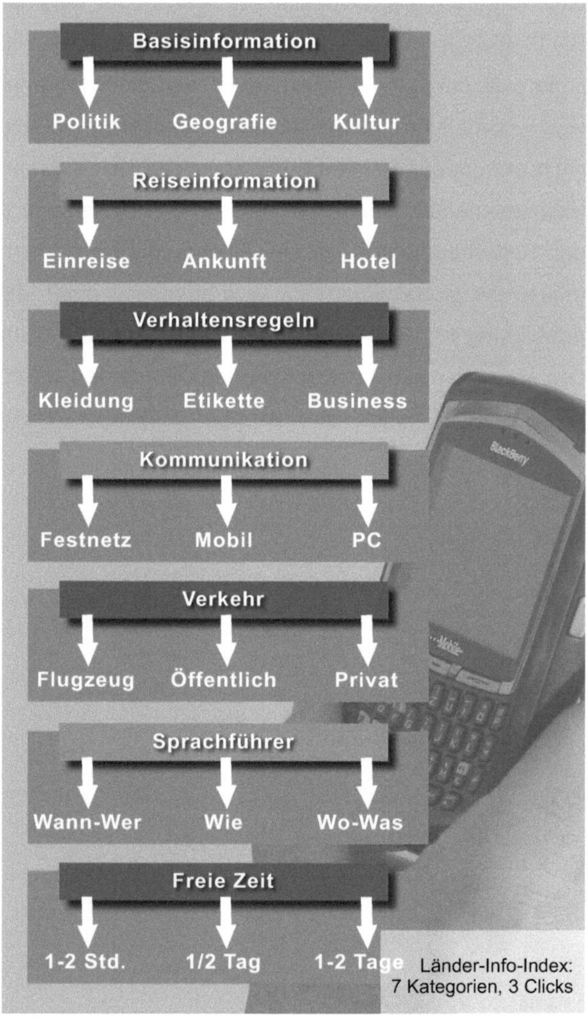

Als Endgerät wurde ein Blackberry ausgewählt; das eine Menge leisten kann, aber auch seine Grenzen hat. Selbstverständlich kann die Applikation eines elektronischen Geräts kein ganzheitliches Wissen über eine Kultur oder ein Projekt vermitteln – aber sie erleichtert das Zurechtfinden durch Anzeige der Informationen und aktuellen Entwicklungen, die die eigene Arbeit betreffen. All diese

Basisinformation: Politik, Geografie, Kultur
Reiseinformation: Einreise, Ankunft, Hotel
Verhaltensregeln: Kleidung, Etikette, Business
Kommunikation: Festnetz, Mobil, PC
Verkehr: Flugzeug, Öffentlich, Privat
Sprachführer: Wann-Wer, Wie, Wo-Was
Freie Zeit: 1-2 Std., 1/2 Tag, 1-2 Tage

Länder-Info-Index: 7 Kategorien, 3 Clicks

Aufgaben sind mit einem solchen Gerät zufriedenstellend zu lösen. Um zügig, das heißt mit maximal drei Clicks, an „Orientierungs-Informationen" zu kommen, wurde ein Länder-Info-Index erstellt, der sich aus sieben Kategorien mit jeweils drei Unterkategorien zusammensetzt:

Das System befindet sich in der Entwicklung: Ein Prototyp wurde im September 2008 in Oman und den Vereinigten Arabischen Emiraten getestet.

Technische Basis bilden das SAP Netweaver Portal und ein Blackberry-Server. Die Server beinhalten die Projektinformationen sowie das Redaktionssystem Easy WCM der BTEXX GmbH, in dem die Länderinformationen erstellt und gepflegt werden.

Um die Vielzahl der Quellen im Portal zu integrieren, sind einerseits leistungsfähige Server notwendig, andererseits sind zahlreiche Schnittstellen zu implementieren. Der Blackberry-Typ ist zu berücksichtigen, aber auch der Standard der Mobilfunknetze, in denen operiert wird. Standards, wie sie aus der Programmierung für „nicht-mobile" Anwendungen bekannt sind, Java, XML[1] und SOAP[2], sind auf die Displays der mobilen Geräte und deren Speicherfähigkeit anzupassen.

SAP bietet eine Software zur Erstellung von Anwendungen speziell für mobile Endgeräte an – SAP Netweaver Mobil. Mit ihr könnte sogar eine vorübergehende Nichtverfügbarkeit eines Mobilfunknetzes kompensiert werden, d.h. mit der SAP Netweaver Mobile Software, die allerdings erhebliche Investitionen erfordert, können auf dem Blackberry – für den Fall schlechter oder abgerissener Netzanbindung – offline Inhalte verfügbar gemacht werden (wie eine Replik in Notes). Vorteil: Der Mitarbeiter hat jederzeit seine Daten auf dem Blackberry und müsste nicht jede Abfrage online machen, was ohne stabile Verbindung nicht möglich ist.

Der Mitarbeiter müsste nur dort, wo es noch guten Netzempfang gibt, z.B. im Flughafen, die Länder- und Projektinformationen auf seinem Blackberry aktualisieren und dann bis auf weiteres offline weiterarbeiten.

---

1 Extensible Markup Language

2 Simple Object Access Protocol

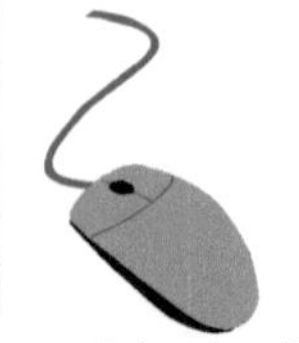

Im Offline-Modus könnte er durchaus die GPS-Funktionen weiternutzen, also z.B. Fotos auf der Baustelle machen, diese mit Geodaten versehen und beim nächsten Netzempfang an die Zentrale schicken, die dann genau lokalisieren könnte, wo sich ein „Problem“ auf der Baustelle befindet. Bei Ferrostaal hat man jedoch auf den Kauf der „mobilen“ SAP Software und der dazugehörigen Infrastruktur verzichtet. Inhalte offline auf dem Blackberry vorzuhalten ist derzeit nicht möglich Man hat sich im Augenblick für die kostengünstigere Variante entschieden, nämlich jede Information über eine separate mobile Verbindung einzeln abzurufen.

Die Länderinformationen sind nun als Webseite[1] ins Portal eingebunden. Der Aufruf erfolgt über ein eigenes Icon auf dem Blackberry. Der Zugriff erfolgt nicht via Internet, sondern über eine Verbindung zwischen Blackberry und Blackberry Enterprise Server, der dann ähnlich einem Proxy Server als Gateway ins Firmennetz fungiert.

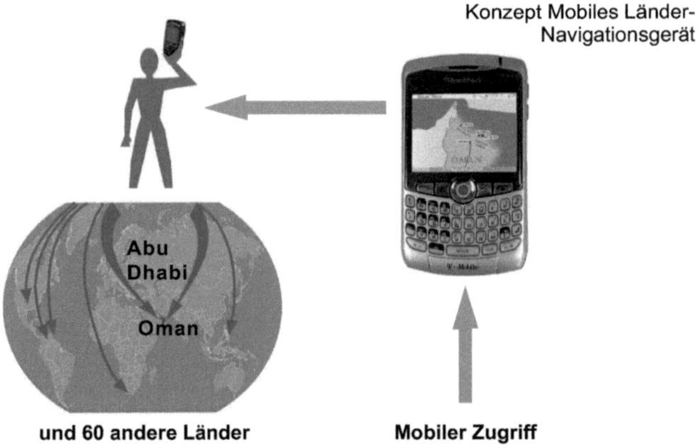

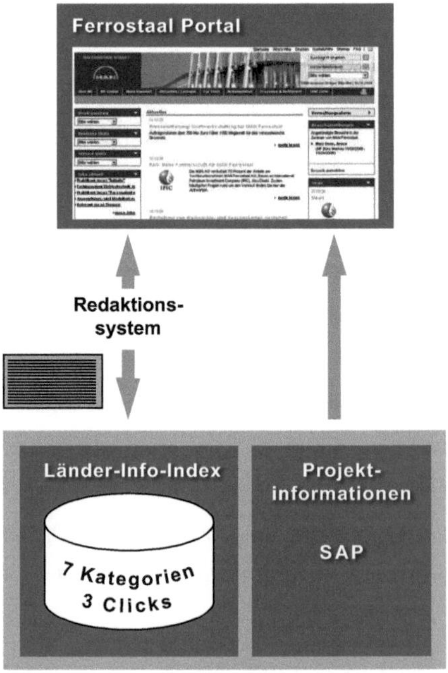

Konzept Mobiles Länder-Navigationsgerät

Abu Dhabi
Oman
und 60 andere Länder
Mobiler Zugriff
Ferrostaal Portal
Redaktions-system
Länder-Info-Index
7 Kategorien
3 Clicks
Projekt-informationen
SAP

[1] HTML

Mehr als 560 Blackberries sind derzeit bei MAN Ferrostaal im Einsatz. Allerdings verwendet man mehrere Typen. Programmiertechnisch ist es schwierig, eine einheitliche korrekte Anzeige auf Modellen verschiedener Bauart zu erreichen. Display und Handhabung weisen oft deutliche Unterschiede auf: Einige Geräte sind standardmäßig nur mit EDGE[1]-Funk ausgestattet. Die neuen schnellen 3G-Netze wie UMTS[2] und HSDPA[3] sind mit einer solchen Ausführung gar nicht nutzbar.

Test der Netzverfügbarkeit auf der arabischen Halbinsel

Testkriterien beim Ersteinsatz des mobilen Länder-Projekt-Navigationsgerätes in Oman und Abu Dhabi waren:[1] Technisches Handling, Netzverfügbarkeit und Kosten. In Abu Dhabi heißen die großen Mobilfunknetzanbieter DU und Etisalat. Beide. bieten ein flächendeckendes GSM[2]-Netz. Ein Internetzugang über GPRS[3] bzw. EDGE war nicht möglich. Ein Signal war zwar vorhanden, aber

[1] Enhanced Data Rates for GSM Evolution
[2] Universal Mobile Telecommunications System
[3] High Speed Downlink Packet Access

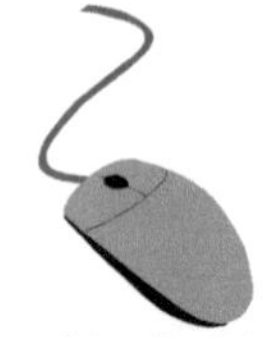

nicht stark genug für eine stabile Übertragung. Der Ausbau der Telekommunikationsinfrastruktur wird aber energisch vorangetrieben. Der Anbieter DU investiert derzeit große Summen in die Technologien EDGE, UMTS und HSDPA und in die Verbesserung der Netzqualität.

Im Sultanat OMAN sind mehrere Mobilfunknetzanbieter vorhanden: Nawras, Oman Mobile sowie Omantel und Omani Qatari. Das größte Mobilfunknetz besitzt Nawras und deckt damit 92% des gesamten Mobilfunknetzes im OMAN ab. Der Norden und Süden sowie die Hauptverkehrsstraßen bieten ein gut ausgebautes Netz. Telefonate und SMS-Dienste funktionieren in diesen Gebieten sehr gut. Der Internetzugang über EDGE ist nicht überall in gleicher Qualität gewährleistet. Mancherorts dauert es bis zu drei Minuten bis eine Verbindung steht. In den Ballungsgebieten, auch in der Hafenstadt Salalah im Süden des Landes und auf allen entscheidenden Straßenverbindungen ist der Einsatz des Oman-Navis möglich. Mobiles Telefonieren funktioniert im ganzen Land.

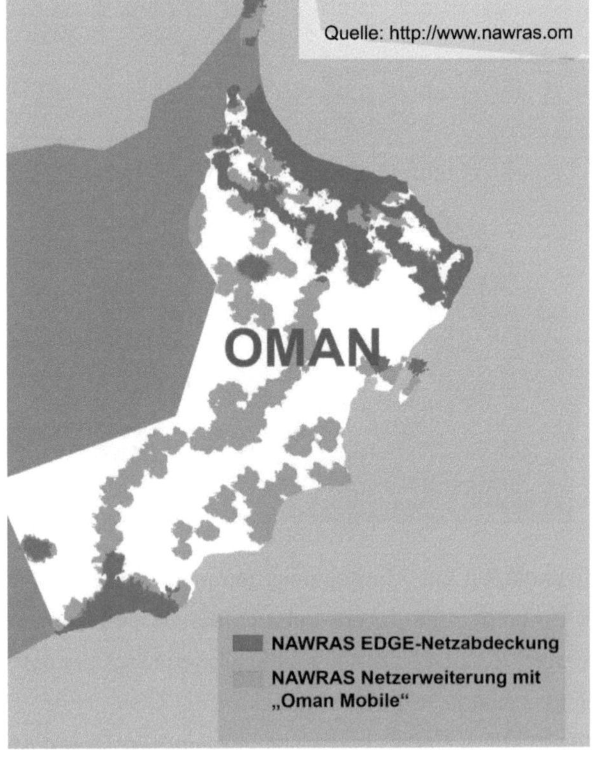

[1] Im Zeitraum vom 17.September 2008 bis 05.Oktober 2008 testete die Autorin die mobile Webanwendung mit dem von Ferrostaal bereitgestellten Blackberry in Abu Dhabi und Oman.

[2] Global System for Mobile Communications

[3] General Packet Radio Service

Die Testergebnisse mit dem Blackberry-Navi haben außerdem ergeben, dass mobiles Telefonieren und mobiler Internetzugriff in den Emiraten und im Oman im Rahmen der von MAN Ferrostaal mit dem Provider in Deutschland abgeschlossenen Flatrate kostengünstig ist.

Der Trend, alles mit allem zu vernetzen, wird sich fortsetzen. Man darf davon ausgehen, dass das Zusammenführen von Geodaten, Informationen aus dem World Wide Web und Daten betrieblicher Intranets erst begonnen hat. Dementsprechend steckt die Nutzung dieser Daten- und Informationspakete auf kleinen mobilen Endgeräten auch noch in den Kinderschuhen. Tests auf breiterer Basis in anderen Ländern werden zeigen, ob sich diese Form der IT-Anwendung in der Praxis bewährt.

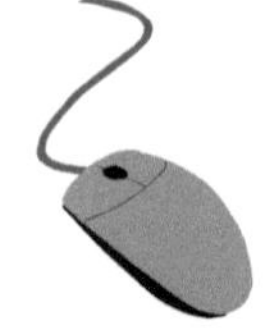

IT-Portal

Weit verzweigtes Geschäft sowie die Vielfalt und Komplexität der IT-Systeme machen es Mitarbeitern immer schwieriger, an relevante Informationen zu kommen. Auf der anderen Seite hat die Unternehmensführung die Aufgabe, über die Welt verstreute Arbeitsplätze von einer zentralen Plattform aus mit Informationen zu versorgen. Ein Unternehmensportal bietet eine mögliche Lösung. Es spannt eine Brücke über alle Anwendungssysteme des Unternehmens und stellt deren Funktionen und Daten auf einer Benutzeroberfläche zur Verfügung. Grundsätzlich soll ein Portal das Arbeiten in räumlich verteilten und zeitlich versetzten Arbeitsgruppen ermöglichen und die Verbindung mit der Zentrale sicherstellen.
Wie alle Unternehmen dieser Größenordnung verwendet auch Ferrostaal eine Vielzahl Prozesse unterstützende IT-Systeme.
Ein Auszug:

- ERP[1]-Systeme (z.B. SAP)
- Business Warehouse (z.B. SAP)
- Dokumentenmanagementsysteme (z.B. SAP)
- Web Content Management Systeme, wie Easy WCM
- Office-Systeme
- E-Mail
- Intranet

Hinzu kommen externe Systeme wie das Internet und solche von Kunden und Lieferanten. Für all diese Systeme gibt es unterschiedliche Software. Diese Vielfalt ist alles andere als benutzerfreundlich und erfordert eine gewisse Vertrautheit mit unterschiedlichen Bedienungsprinzipien; hinzu kommt, dass ständiger Systemwechsel Unübersichtlichkeit und Verwirrung erzeugt, was wiederum die Fehleranfälligkeit erhöht.

[1] Enterprise Resource Planning

Ein Portal ist browserbasiert, das heißt, es erscheint dem Benutzer wie eine gewohnte Internetoberfläche und ist wie eine Homepage über eine WWW-Adresse erreichbar.
Während die Homepage eines Unternehmens allen Webbesuchern den gleichen Einblick in einen Sachverhalt gewährt, „kennt“ das Portal seine Benutzer und deren Profil und präsentiert nur die auf die Bedürfnisse eines Arbeitsplatzes abgestimmten Inhalte.

Man unterscheidet zwischen horizontalen und vertikalen Portalen. Erstere sind thematisch weit gefächert und werden von einem breiten Publikum genutzt, wie das jedem zugängliche Internetportal GMX. Letztere, die Firmenportale, sind thematisch eingegrenzt und auf spezielle Benutzer – oder Benutzergruppen – zugeschnitten.

Bevor man daran geht, die Oberfläche eines Portals zu gestalten, sind die dahinter liegenden Systeme zu verbinden. Dazu ist eine eigene Software erforderlich. Bei der reinen Portalentwicklung sind riesige Datenmengen im Spiel, deshalb wird dazu ein eigenen Server benötigt.

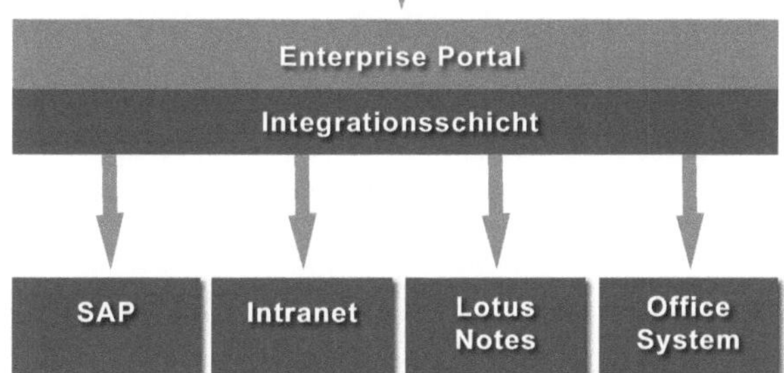

Portal als zentraler Zugang zu vielen IT-Anwendungen

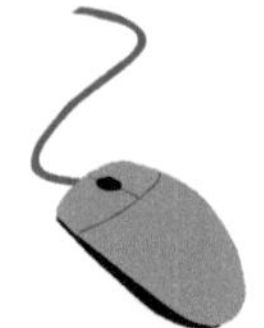

Der Portalsoftware-Markt ist vergleichsweise jung und entsprechend dynamisch. Derzeit dominieren: IBM Websphere und SAP Netweaver. Für welche Software sich ein Unternehmen entscheidet, hängt weniger von den Produktmerkmalen als von den Verknüpfungsmöglichkeiten mit der bereits bestehenden IT-Infrastruktur ab.

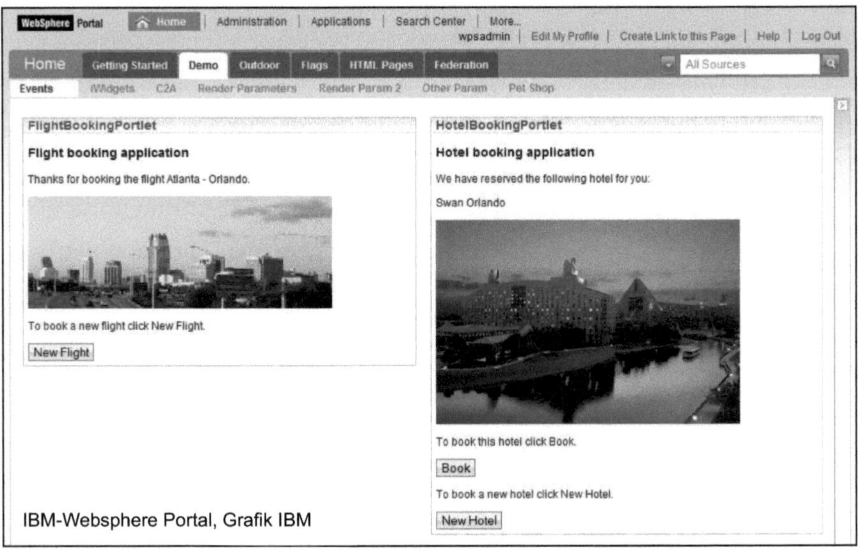

IBM-Websphere Portal, Grafik IBM

Websphere ist im Einsatz, wenn heterogene Systemlandschaften zu verbinden sind und hohe Anforderungen an die Verfügbarkeit erfüllt werden müssen. Netweaver ist häufig im Einsatz, wenn die bereits vorhandene IT-Landschaft stark von SAP-Komponenten geprägt ist. Ein Unternehmen, das SAP bereits lizensiert hat, wird verwendet oft auch die Portalsoftware von SAP. Wenn Rechnungswesen, Controlling und Personal mit SAP-Modulen unterstützt sind, ist der Programmieraufwand für die Verwendung der SAP-Portalsoftware vergleichsweise gering. Bei der Verwendung des IBM-Produkts „Websphere“ sind in der Regel noch weitere Produkte zu lizensieren. Das erfordert Kenntnisse über das Zusammenspiel der zusätzlichen Komponenten; das IBM-Werkzeug ist technisch anspruchsvoll und mit vielen Funktionen ausgestattet.

MAN Ferrostaal hat sich für das SAP Portal entschieden, weil es der Firmenstruktur am ehesten entspricht. Überdies verwenden das SAP Portal auch die anderen Konzernschwestern oder beabsichtigen, es aufzubauen.

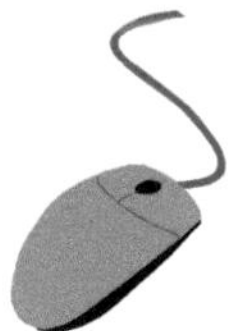

Technische Umsetzung

Der Portalbenutzer hat mit der Integration der Systeme nichts zu tun. Die läuft für ihn unsichtbar automatisch im Hintergrund ab. Ob die präsentierten Daten aus einem ERP-System, einer Content-Management-Anwendung oder von externen Dienstleistern kommen, ist für den User nicht erkennbar. Der Nutzer nimmt nur wahr, dass er nicht mehr wie früher mehrere Programme auf seinem PC starten muss, sondern vereint auf einem Fenster den Überblick über sein Arbeitsfeld geboten bekommt: Single-Sign-On, also ein einziger Zugang, und auf alle verfügbaren Systeme und Applikationen kann zugegriffen werden. Die dahinter stehende Systemlandschaft besteht aus einer Ansammlung heterogener Systeme, die teilweise miteinander vernetzt sind. Dort, wo das nicht der Fall ist, werden sogenannte Integrationsschichten eingefügt.

Die Anzahl der Schnittstellen zwischen den einzelnen Systemen ist damit minimiert. Der Benutzer löst mit seinen Anfragen die Verbindung zu Einzel-Systemen aus. Beispiel: Nach Eingabe einer Kundennummer erfolgt automatisch die Abfrage der Kundenstammdaten, der letzten Bestellungen sowie der Außenstände des Kunden aus verschiedenen Systemen.

CITRIX

Da die öffentlichen Internet-Protokolle sehr „durchlässig" und gegen Missbrauch nicht zu schützen sind, muss man gewissermaßen einen eigenen technischen Tunnel aufmachen, um die Verbindungen zu realisieren.

MAN Ferrostaal hat entschieden, die Anbindung der weltweiten Außenstellen mit Hilfe der Technologien der Firma Citrix umzusetzen. Das System bietet ein Höchstmaß an Sicherheit, zeichnet sich durch Bedienerfreundlichkeit aus und bringt auch bei geringen Übertragungsleistungen noch brauchbare Ergebnisse.

Bekannt geworden ist das US-amerikanische Software-unternehmen Citrix mit Applikations- und Terminalserver-Anwendungen. Seither bezeichnet der Firmenname die Anwendung.

Das nach wie vor bekannteste Citrix-Produkt erlaubt Datenzugriff mit einfachsten Endgeräten. Auch alte Computer mit beliebigem Betriebssystem können über eine Terminalanwendung auf das Unternehmensnetz zugreifen, ohne dass spezielle Software auf dem verwendeten Rechner installiert sein muss. Lediglich ein Citrix-Client wird vorausgesetzt. Die griffigste Funktionsbeschreibung von Citrix lautet: Der Rechner der Zentrale „spiegelt“ die Anwendung auf den „intelligenzlosen“ PC draußen auf den Baustellen.

Häufig verwendet man für Terminal-Dienste „Thin Clients“, die ebenfalls ohne Zusatzprogramme auskommen. Für den Ablauf sogenannter Citrix-Sitzungen ist sehr wenig Netzwerkbandbreite erforderlich, sie beträgt bis zu 10-20 kbit/s. Deshalb ist die darüber liegende Anwendung – das Portal – auch mit schmalbandigen Netzwerkverbindungen, bis hin zu mobilem GPRS, zu nutzen. Mit der Zusatzkomponente „Citrix GoToMeeting“ ist es für Ferrostaal sogar möglich, sogenannte Webmeetings durchzuführen. Diese Webmeetings mit einfachem System haben sich besonders auf Baustellen bei der Fehleranalyse bewährt, da von der Zentrale jederzeit die Bildschirme der Endanwender einzusehen sind.

EIN MARKENARTIKLER

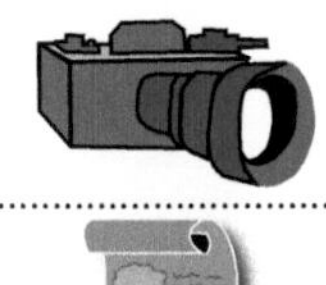

Die Feste der Muslime

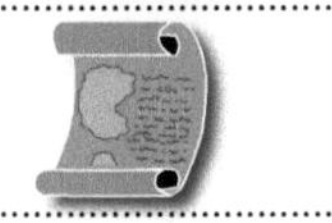

Ein Pionier und sein Werk

Henkels Erben erobern die Welt

Produkte – Umsatz – Strategie

Produktanpassung

Standards – Normen – Standardisierung

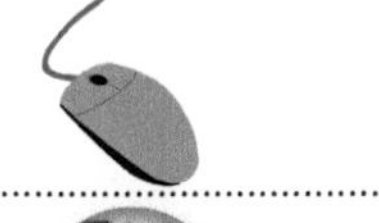

IT-Standardisierung

Vielfalt und Talente

IT-gestütztes Talentmanagement

Die Feste der Muslime

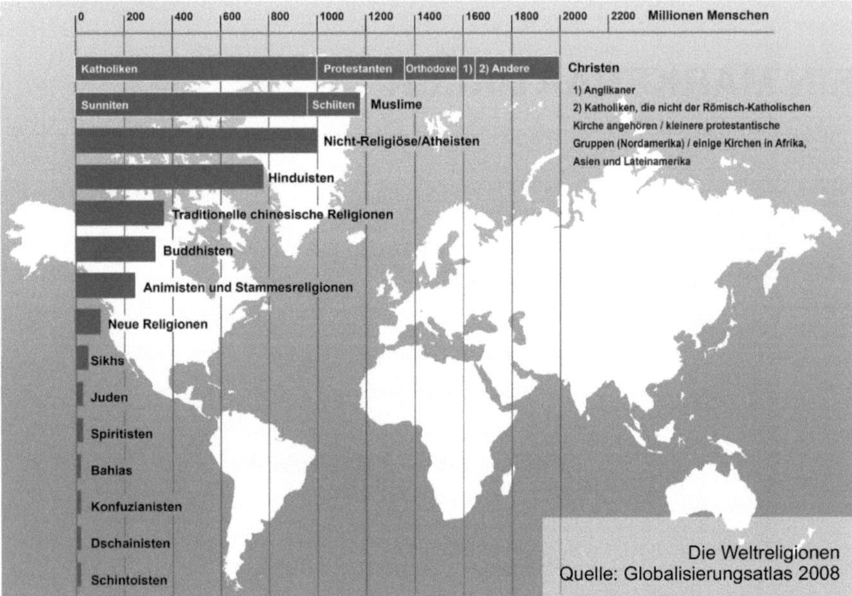

Die Weltreligionen
Quelle: Globalisierungsatlas 2008

Länger als bei den Muslimen dauert im christlich-abendländischen Kulturkreis die Fastenzeit. Vierzig Tage empfohlener Verzicht auf liebgewonnene individuelle Gewohnheiten sind im großen und ganzen übrig geblieben von der einst strengen religiösen Pflicht. Die Regeln der Buß- und Fastenzeit sind nahezu in Vergessenheit geraten und spielen damit im öffentlichen Leben so gut wie keine Rolle mehr.

Anders in islamischen Ländern. Zwar ist auch dort schwer feststellbar, wie genau jemand die Fastenvorschriften befolgt, aber Nahrungsaufnahme in der Öffentlichkeit oder auch nur ein Getränk zu sich zu nehmen nach Sonnenaufgang oder vor Sonnenuntergang, würde dort niemand wagen, denn „Saum“, das Fasten, fordert der Koran. Es ist wie das Glaubensbekenntnis, das Gebet, das Almosengeben und die Teilnahme an der Hadsch in Mekka

eine der tragenden Säulen der koranischen Lehre, die nun mal keinen Zweifel duldet. Der Zufall hat es gewollt, dass wir öfter im Fastenmonat Ramadan, also im neunten Monat des islamischen Kalenders, im Orient unterwegs waren. Der Ramadan kann, weil er sich nach dem Mondkalender richtet, in jeder Jahreszeit liegen. In Iran und im Oman haben wir das Fasten erlebt und beobachtet.

Iftar

Tagsüber waren selbst in der 14-Millionen-Metropole Teheran die sonst überfüllten Restaurants und Lebensmittelläden geschlossen. Trotzdem – die Tage begannen mit dem gewohnten pulsierendem Leben. Gegen Nachmittag wurde es träger, schlaffer, das Getriebe auf den verstopften Straßen ebbte ab. Jeder sehnte nur noch den abendlichen Gebetsruf herbei; der ertönte über die Lautsprecher auf den Minaretten, nachdem die Sonne hinter dem Horizont verschwunden war.

Fleisch und Suppe zum abendlichen Fastenbrechen

Denn nach dem Abendgebet begann Iftar, das tägliche Fastenbrechen. Doch bevor man sich an die überall aufgestellten riesigen Suppenschüsseln stürzt, in denen „Asch Dor“, die fette Nudelbrühe mit Bohnen kocht, deckt sich jeder ein

mit Lebensmitteln. Vor den Läden und Bäckereien bilden sich lange Schlangen. Frauen im schwarzen Tschador, Männer ohne Krawatten mit Dreitagesbart und jede Menge Studenten, den Schreibkram noch unter dem Arm, haben nur eines im Sinn: essen.

Brot kaufen für Iftar

Bevor die Orgie beginnt, schwillt der Verkehr noch einmal an, Chaos und Hektik erreichen ihren Höhepunkt, bis dann eine fast unheimliche Ruhe einkehrt in der Stadt vor dem Elbursgebirge. In den nun vollen Restaurants auf Straßen und Plätzen wird überall gegessen und Tee getrunken.

Auf den kurvigen Landstraßen zum Kaspischen Meer, durch die Salz- und Steinwüsten nach Süden zum Persischen Golf und Richtung Afghanistan sind schwere Laster unterwegs. Die neueren sind von Mercedes und kamen noch zu

Schahzeiten nach Persien, die älteren plagen sich seit über einem halben Jahrhundert über Pisten und Teer. Ihre Fahrer, lauter kernige Typen, halten im Ramadan auf freier Strecke an, wenn die Sonne im Westen ihr abendliches Farbenspiel beginnt. Man wäscht sich, so gut es geht, verbeugt sich in der Dämmerung nach Mekka und wirft sich nieder zum Gebet. Danach beginnen diese rauen Männer ihr Iftar am Straßenrand.

Verkehrschaos in Tehran vor Sonnenuntergang

An Tankstellen gibt es kleine mit Teppichen ausgelegte Gebetsräume. Auch dort beten die Kapitäne der Landstraßen und kochen auf Benzinkochern ihr bescheidenes Mahl. Wieder andere scharen sich um die Asch-Dor-Kessel in den Dörfern. Zum Iftar wird jeder eingeladen, der in Sichtweite kommt.

Iftar auf den Straßen

Eid al-Fitr

Zwei Tage sind wir von Omans grüner Südprovinz durch „Jiddat al Harasis“, diese nahezu unbewohnte, kahle und flache Ebene nach Norden gefahren. Wir trafen Vorbereitungen für eine Nacht im Freien. Obwohl die Sonne längst hinter schroffen Felsenbergen verschwunden war, herrschte immer noch gnadenlose Hitze an unserem Zeltplatz zwischen Hügeln unter Palmen in der Nähe von Nizwa. Wir bewunderten den Sternenhimmel, wie man ihn nur in der Wüste oder auf den Bergen sieht. Dann platzte in diese friedliche Stille der Ruf des Muezzin zum abendlichen Gebet. Nichts ungewöhnliches in dieser Region. Aber diesmal war der Ruf länger, lauter, aufgeregter. Überstürzt fast dröhnt das „La ilaha illa Allah, Muhammad rasul Allah“, „es gibt keinen Gott außer Gott und Mohammed ist sein Gesandter“, aus dem Lautsprecher vom nahen Minarett. Dann hörten wir Schüsse, die wir nicht zuordnen konnten. Aber spätestens nachdem bunte Leuchtraketen aufstiegen, war klar, das ist der Schluss der Fastenzeit. 29 Tage, so steht es in der zweiten Sure des Koran, um seine Gottesfurcht auszudrücken, dauert die Abstinenz, von der nur Kranke, Schwangere, Reisende und Kinder ausgenommen sind. Eine schwere Übung ist vor allem der Verzicht auf Trinken bei Temperaturen, die selbst die Hitze gewohnten Einheimischen in die Schatten ihrer Häuser treibt. Ab Mittag läuft das Leben auf Sparflamme, die Büros und Behörden sind geschlossen; die sonst so emsigen Verkäufer hängen lustlos hinter ihren Tresen. Wen wundert es, dass sich die Leute erleichtert freuen auf „Eid al-Fitr“, das dreitägige Fest des Fastenbrechens.

Nicht eine astronomische Berechnung markiert das Ende des Ramadan. In Oman beobachten Imame mit Teleskopen in 3.000 Meter Höhe auf dem Jebel Shams im Hadjargebirge den klaren Himmel. Das Sichtbarwerden der Mondsichel ist das Zeichen für den Beginn der Feiertage. „Eid Mubarak“ ruft man sich ausgelassen zu wie „Frohe Weihnachten“ bei uns. Unübersehbar die Vorbereitungen für das große Fest: Die Dörfer werden zu Schlachthöfen, allenthalben Rinderschlachten, Putzen und Herrichten der besten Kleider für die schönen Tage, an denen man traditionell die Moschee, Freunde und Verwandte besucht, auf die Friedhöfe geht und kleine Ausflüge macht.

Ende des Ramadan: Besuch auf dem Friedhof

Das Ashurafest

Mit Weinen und Klagen, blutigen Selbstkasteiungen und erschütternder Trauer begehen ausschließlich die schiitischen Muslime einmal im Jahr das Ashurafest. Sie gedenken mit tiefer Inbrunst der Schlacht bei Kerbala, in der ihr verehrter Imam Hussein Ibn Ali, der Enkel des Propheten Mohammed, und 72 seiner Getreuen den Märtyrertod fanden. Das war im Jahr 680 und hat den Islam nachhaltig gespalten mit Nachwirkungen bis in die Gegenwart.

Eid e Qorban

Ein weiteres von allen Muslimen gefeiertes Fest ist das islamische Opferfest, an dem man Abrahams gedenkt, der, so die Überlieferung, davor bewahrt worden ist, dem einen Gott seinen Sohn zu opfern. Unter der goldenen Kuppel des Felsendoms auf der Felsspitze des Berges Moria in Jerusalem soll das geschehen sein, und von dort ist auch nach muslimischem Glauben Mohammed, das Siegel der Propheten, zum Himmel aufgestiegen.

Es ist der gleiche Abraham, den auch Juden und Christen als ihren Stammvater anerkennen. Den Urvater und Heilige Schriften haben sie gemeinsam, die drei monotheistischen oder abrahamitischen Religionen, und gemeinsam ist allen die Stadt, in der sich ihre Heiligtümer befinden – die Klagemauer der Juden, die Grabeskirche der Christen, der Felsendom der Muslime. Aber Jerusalem ist auch Symbol tiefen Zwiespalts zwischen den Religionen und ihrer Anhänger. Der Glaube, dass Jesus von Nazareth der Sohn Gottes sei, später die Trinitätslehre sowie die Idee von der göttlichen Auserwähltheit des Volkes Israel einerseits und die Dogmatik der koranischen Lehre andererseits – ist immer noch der Anlass von Konflikten. Der Theologe Hans Küng spricht von der „Tragödie der Religionsgeschichte“.[1]

Anscheinend genügen die Gemeinsamkeiten der monotheistischen Weltreligionen nicht, um ihre Differenzen zu überwinden. Die Geschichte aller drei Glaubensrichtungen ist auch eine Geschichte von blutigen Auseinandersetzungen.

[1] Küng, H. (2005)

Streit im globalen Dorf

Keine zweihundert Jahre hat es gedauert, und der Islam hat sich sicher nicht gewaltfrei von der Arabischen Halbinsel nach Westen über Nordafrika bis zur Iberischen Halbinsel ausgebreitet; selbst in Teilen des Indischen Subkontinents fassten die Anhänger Mohammeds Fuß. Später eroberten die osmanischen Türken Istanbul, drangen in Europa ein und lagen 1529 vor Wien. Eine Kultur hat sich herausgebildet, die lange Zeit der europäischen überlegen war. Doch dann mit dem Zeitalter der Entdeckungen kam die Gegenbewegung der vom Christentum geprägten westlichen Welt. Stück für Stück, wo immer möglich mit Gewalt, drängte es den Islam zurück. Nach Ende des 1. Weltkrieges gab es nur noch vier muslimische Länder. Das sollte sich wiederum ändern als, oft begleitet von heftigen Kämpfen, der Westen begann, sich aus den Kolonien zurückzuziehen. Im Jahr 1995 beherrschten die Muslime bereits wieder 69 Länder. Der Zerfall der Sowjetunion hat den islamischen Einflussbereich gegen Ende des vorigen Jahrhunderts noch einmal kräftig vergrößert.[1]

An der Schwelle des dritten Jahrtausends finden wir eine Welt vor, in der die Gegensätze zwischen den verschiedenen Glaubensüberzeugungen längst nicht verschwunden sind. Das muss nicht zwangläufig in den viel zitierten „Kampf der Kulturen“ münden, birgt aber dennoch viel Konfliktpotenzial in sich. Wer glaubt, die Dauerkrise im Heiligen Land hätte nichts mit Religion zu tun, der irrt. Und auch die Formel „Kampf dem Terror – Kampf dem Islam“[2], immer noch praktiziert an den Brandherden im Irak, in Afghanistan, im Kaukasus und anderswo, ebnet nicht den Weg in eine friedliche Zukunft.

Das Zusammenrücken der Welt, ihre zunehmende Vernetzung auf nahezu allen Gebieten der Technik, Wirtschaft und Kultur, die Globalisierung also, vermittelt häufig das Bild, die Welt sei ein grenzenloses globales Dorf. Das mag in mancher Hinsicht zutreffen, darf aber nicht darüber hinwegtäuschen, dass im kollektiven Gedächtnis der Ethnien immer noch historische Ereignisse schlummern und wirken, die vor sehr langer Zeit geschehen sind.

[1] Vgl. Huntington, S.P. (1998): S. 336ff.
[2] Vgl. Scholl-Latour, P. (2002)

Ein Pionier und sein Werk

Im Archiv der Firma Henkel steht sie noch, die schwere eisenbeschlagene Eichentruhe, in der Johann Jost Henkel Geld und Dokumente seiner Kunden aufzubewahren pflegte.[1] Denn besagter Jost Henkel war nicht nur „der ausgezeichnete und kenntnisreiche Lehrer“ der hessischen Gemeinde Vöhl, wie der Dorfchronist vermerkte, sondern auch der Gründer einer der ersten Spar- und Darlehnskassen im Lande. Bis zu 600 Gulden zu einem Zins von einem Prozent konnten die Bauern bekommen, Zinsstundungen bis zu drei Jahren für Notleidende waren möglich. So etwas hatte es zuvor nicht gegeben. Es war typisch für diesen Henkel, dass er den Fortschritt forcierte. Kaum hatte der Chemiker Justus von Liebig in Gießen den Kunstdünger erfunden, überzeugte Henkel die Ackerbauern davon, dass es sinnvoll sei, diesen zu verwenden, weil die Ernten besser ausfielen. Er führte die Flurbereinigung ein – und den Saatkornwechsel. Im gleichen Jahr, in dem Goethe starb (1832), verheiratete sich der rührige Schulmeister, und die Familie bekam sechs Kinder, die von einer sparsamen, disziplinierten Mutter erzogen wurden und nach und nach durch die Schule des Vaters gingen. So auch Fritz Henkel, der 1848 das Licht der Welt erblickte.

Was für ein Jahr, dieses 1848, in dem Fritz Henkel – später eine vorwärts treibende Kraft wie sein Vater – geboren wird. Im Gefolge der Februarrevolution in Paris kommt es überall im Deutschen Bund zu Unruhen, immer lauter wird der Ruf nach nationaler Einheit, einer Verfassung und nach Pressefreiheit. Aufgebrachte Menschen schwenken Fahnen mit den Farben des Bundes, Schwarz-Rot-Gold. In der Paulskirche in Frankfurt am Main tagt die erste Deutsche Nationalversammlung und schafft die Reichsverfassung. Im gleichen Jahr veröffentlichen Marx und Engels „Das Kommunistische Manifest“.

Mit siebzehn verlässt Fritz die höhere Schule und macht eine Lehre als Kaufmann bei der Chemiefabrik Gessert in Elberfeld. Und damit war er im Zentrum der damals aufkommenden chemischen Industrie, die sich in Wuppertal angesiedelt hatte und zum wichtigen Zulieferer für die wesentlich ältere Webstoffindustrie zu

[1] Vgl. Lorenz, E. (1939) sowie Feldkirchen, W., Hilger, S. (2001).

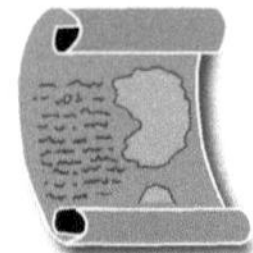

entwickeln begann. Die brauchte dringend Farbstoffextrakte und Chlorkalk zum Bleichen. Gleichzeitig entstanden Fabriken für Lacke, Wasch- und Putzmittel.

Das Kaufmännische allein genügt dem jungen Henkel nicht. Er lernt wie ein Besessener, wie die Waren entstehen, die er verkauft, vom Rohstoff bis zum fertigen Produkt. Es hat sich gelohnt, mit fünfundzwanzig ist er Direktor bei Gessert. Dann trennt er sich von seinem Arbeitgeber und wagt den ersten Schritt in die Selbständigkeit, wird Teilhaber einer Großhandlung für Farben und Lacke in Aachen. Zum ersten Mal steht sein Name auf einem Firmenschild: Henkel & Strebel. Sein Ziel steht fest, er möchte beides, Waren produzieren und verkaufen. Es gelingt ihm und seinen Partnern ein Universalwaschmittel auf Wasserglasbasis zu entwickeln. Aber es ist kein großer Erfolg, die Herstellungskosten sind zu hoch, und der Name „Universalwaschmittel“ ist zu nichtssagend. Henkel beginnt zu experimentieren und findet das, was er „Henkels Bleichsoda“ nennt. Er löst seine Bindung an Strebel und gründet 1876 die Sodafabrik Henkel und Cie. in Aachen.

Fritz Henkel sen., Foto Henkel AG & Co. KGaA

Der jetzt Achtundzwanzigjährige beginnt ganz klein mit „ein paar Mann“ im Hinterhof und hat letztlich Erfolg. Sein Rezept: Einen preisgünstigen Markenartikel entwickeln, diesen produzieren, mit System vertreiben und mit ehrlicher, aber konsequenter „Reklame“ den Absatz fördern. Das mag aus heutiger Sicht

gängiges selbstverständliches Geschäftsgebaren sein, damals war das eine Sensation. Henkels Bleichsoda wird angenommen von den Hausfrauen und kostet über viele Jahre zehn Pfennig pro Päckchen. Die Firma wird größer und zieht um nach Düsseldorf; da herrscht allgemeine industrielle Aufbruchstimmung, es gibt einen Bahnanschluss und den Rheinhafen. Henkel holt sich die besten Chemiker in sein Werk, die neuesten Apparate und entwickelt neue Produkte. Markenprodukte, die es zu schützen gilt. Deshalb gründet er einen Schutzverband, den ersten dieser Art. Das legendäre Persil kommt auf den Markt und revolutioniert das Wäschewaschen, die Werbung und den Vertrieb. Henkel startet regelrechte Werbefeldzüge. Riesenplakate auf den Litfasssäulen, Wanderkinos und Persilschulen, die in vielen Großstädten entstanden, vermittelten unüberhörbar die immer gleiche Botschaft: Nimm Persil. Später kommt das Scheuerpulver ATA in den Handel und wird zum Synonym für Sauberkeit im Haushalt. Der Bahnbrecher für den Markenartikel hatte Gespür für das Geschäft: Henkel war es klar, dass auf Dauer das Weiß- und Sauber-Image allein nicht genügt, um am Markt zu bestehen. Die Konkurrenz kommt langsam aber unaufhaltsam aus den Startlöchern. Systematisch arbeitet er an der Verbreiterung der Produktpalette und Ausweitung des Betriebs über Düsseldorf hinaus. Eine Glyzerinfabrik entsteht, eine eigene Druckerei, eine Kisten- und Kartonfabrik. Mit immer neuen Filialgründungen und Beteiligungen festigt Henkel seine Marktposition im In- und Ausland. Fritz Henkel stirbt fast zweiundachtzigjährig im Jahr 1930. Der Sohn eines Lehrers einer hessischen Gemeinde hat mit Mut und Energie aus einer kleinen Hinterhoffabrik ein Industrie-Imperium gemacht, das auch heute noch zu den großen zählt.

Henkel Düsseldorf, Schützenstraße, Foto Henkel AG & Co. KGaA

Henkels Erben erobern die Welt

Auf über hundertdreißig Jahre Firmengeschichte kann Henkel zurückblicken. Was einmal Vision war, ist Wirklichkeit geworden. Der alte Henkel würde sich wundern, wenn er noch sehen könnte. was aus seiner Fabrik mit ein paar Auslandsfilialen inzwischen geworden ist. Jetzt, am Anfang des dritten Jahrtausends, steht da eine Firma, die zwar noch den Namen des Gründers trägt, aber nicht einmal ein Fünftel der Belegschaft hat einen deutschen Pass, und nur ein vergleichsweise kleiner Teil der 55.000 Mitarbeiter[1] arbeitet in Deutschland. Drei von fünf Topmanagern im Vorstand der AG & Co. KGaA, so das Kürzel der Gesellschaftsform, die Stimmrechte und Haftung regelt, sind keine Deutschen.

Fritz Henkels Nachfahren halten zwar noch über die Hälfte der Stammaktien, aber die wesentlich lukrativeren Vorzugsaktien befinden sich gänzlich in Streubesitz, und davon sind sechzig Prozent im Ausland. Allein um mit Investoren und Analysten in Kontakt zu bleiben, gibt es eine hochspezialisierte Organisation, zu deren Aufgabe es auch gehört, Entwicklungen auf dem Kapitalmarkt zu beobachten und – wo möglich – im Sinne der Firma zu beeinflussen. Über fünfhundert Telekonferenzen und Einzelgespräche pro Jahr zeugen von der Intensität der Kommunikation.

Die internationale Ausrichtung von Henkel hat schon früh begonnen – heute macht das die Firma aus. Die Anpassung an die sprunghafte Globalisierung der Weltwirtschaft innerhalb der letzten zehn Jahre war Auslöser, diese sicher unumkehrbare Entwicklung zu forcieren. Und Stillstand kann sich in der modernen Art des Geschäfts, das wie selbstverständlich über nationale Grenzen hinweg operiert, keiner erlauben. Wo immer sich eine neue Marktchance auftut, wird abgetastet und erschlossen. Kaum war die Sowjetunion zerfallen, hat man Fuß gefasst im riesigen Kasachstan und in den benachbarten Ländern Usbekistan, Kirgistan und Tadschikistan, die allesamt selbständig geworden sind, nachdem der Ostblock aufgehört hat zu existieren. Auch die Kaukasusregion wurde als Markt entdeckt, und die war ja dem Westen erst zugänglich, nachdem Moskau

[1] Seit der Akquisition von National Starch im April 2008

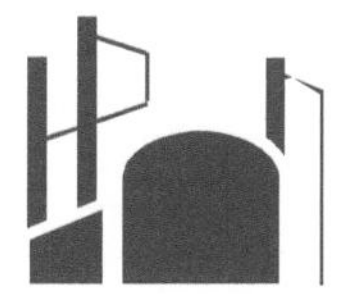

dort an Einfluss verloren hatte. Natürlich war Henkel von der ersten Stunde an dabei, als China nach der Ära Mao-Tse-tung begann, erst behutsam, dann immer mehr seinen Markt zu öffnen. Heute befindet sich die Schaltzentrale der Henkel-Asien-Pazifik-Region in der Millionenmetropole Shanghai. Mit der Übernahme der Aktienmehrheit von Huawei-Electronics, eines der führenden Hersteller von Gießharzen für Halbleiter in der ostchinesischen Provinz Jiangsu, hat man noch einmal einen großen Schritt getan, um seine Position im Reich der Mitte zu stärken.

Der Schwerpunkt der Investitionstätigkeit der letzten Jahre lag in den Vereinigten Staaten von Amerika. Dort erwarb Henkel u.a. einige Deo-Marken und hat es damit geschafft, zu den wichtigsten Kosmetikanbietern in Nordamerika zu gehören. Die Firmenzentrale der Henkel Corporation im Bundesland Arizona zählt rund 800 Beschäftigte. Das bis dato größte Geschäft in der Firmengeschichte war die Akquisition des US-Unternehmens National Starch im Jahr 2008. Es ist ein gewaltiger Aufwand, bis der Hersteller von Klebstoffen und Elektronikbauteilen sich der üblichen Struktur der Henkelbetriebe angepasst hat. Aber dafür ist man auch in der neuen Welt etabliert.

Firmenstruktur

Die Firmenzentrale von Henkel befindet sich in Düsseldorf. Hier im „Headquarter" werden Strategien festgelegt, die wichtigsten Personalentscheidungen getroffen und Geschäftsprozesse definiert. Da wird verwaltet und auch an neuen Produkten geforscht. Die Produktion, die den relativ autark operierenden Unternehmensbereichen entsprechen, gliedert sich in die Bereiche:

- Wasch- und Reinigungsmittel
- Kosmetik/Körperpflege
- Klebstoff-Technologien

Bei letzterem geht es um Dichtstoffe, Klebstoffe und ein Sortiment von Produkten für die Oberflächenbehandlung.

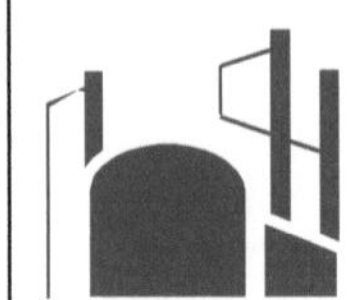

Henkel ist ein „Global Player“. Man hat die Welt eingeteilt in fünf Regionen, die aus Ländern bestehen, in denen Henkel in irgendeiner Form präsent ist. Und diese fünf Regionen: Europa, Afrika / Naher Osten, Asien / Pazifik, Nordamerika, Lateinamerika verfahren nach ähnlichem Muster wie der Firmenkern in Deutschland.

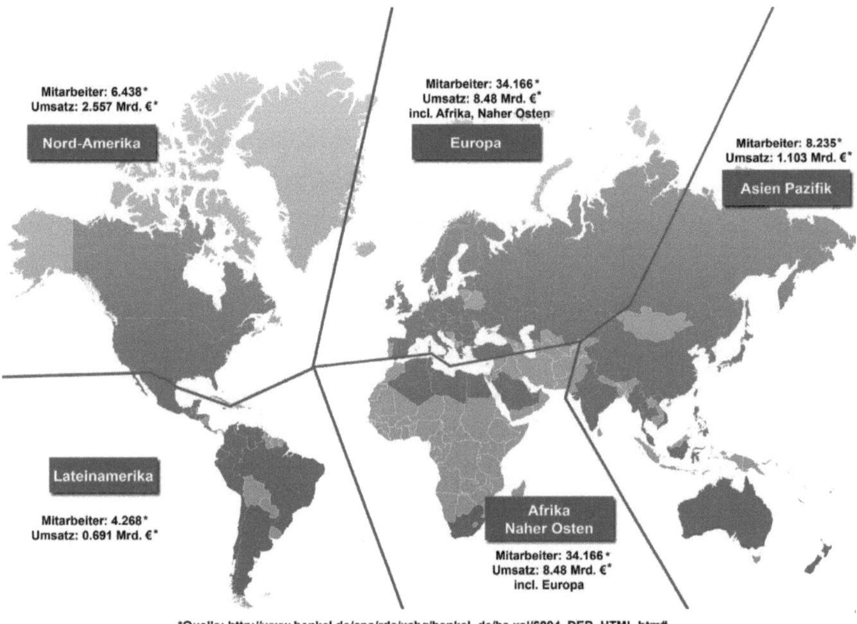

*Quelle: http://www.henkel.de/cps/rde/xchg/henkel_de/hs.xsl/6094_DED_HTML.htm#

Die drei Unternehmensbereiche „Waschmittel-Kosmetik-Technologie“, die in jeder Region oft in verschiedenen Standorten – Henkel spricht auch von verbundenen Unternehmen – vertreten sind, produzieren und vertreiben die Produkte in den Ländern ihrer Region.

Das ermöglicht eine optimale Anpassung der Produkte und deren Verpackung an die Vorlieben der Kunden. Die einzelnen Regionen regeln Personalfragen, Verwaltung, Finanzen und länderspezifische IT-Angelegenheiten in eigener Regie in den Regionalzentralen. Deren Chefs setzen die in Düsseldorf beschlossenen Strategien um und koordinieren in enger Abstimmung mit der obersten Firmenleitung in einer sogenannten Matrixorganisation die Struktur und die

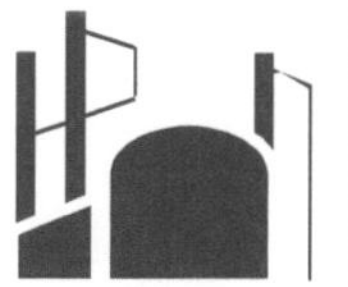

Vorgehensweise in ihren regionalen Produktbereichen. Bedenkt man die Zahl der Beschäftigten in den einzelnen Regionen und bei Henkel insgesamt, wird schnell klar, dass die Besetzung von Schlüsselpositionen nicht mehr auf die klassische Art funktioniert, indem man einfach den heimischen Arbeitsmarkt nach geeigneten Bewerbern abgrast. Natürlich gibt es das auch noch, zusätzlich versucht man die überall gepflegte Kooperation mit Hochschulen auch zu nutzen, um Studienabgänger für die Firma zu gewinnen. Mit einem ausgeklügelten Talentmanagementsystem hat man Überblick über die hauseigenen weltweiten Mitarbeiterressourcen und „weiß" im Bedarfsfall, wer für welchen Posten am besten geeignet ist. Im Düsseldorfer Werk und in den fünfundsiebzig Niederlassungen sieht man inzwischen alle Hautfarben und hört viele Sprachen. Das Völkergemisch verständigt sich auf Englisch, und es gehört zur Selbstverständlichkeit, dass die Herkunft eines Mitarbeiters so gut wie keine Rolle mehr spielt. Die Regelung der Schwierigkeiten, die sich bei dieser praktizierten Multikulturalität zwangsläufig ergeben, überlässt man auch nicht mehr dem Zufall, sondern hat dafür eine eigene Institution geschaffen. Das Diversity Management beschäftigt sich schwerpunktmäßig mit interkultureller Problematik, Gestaltung von Schnittstellen und Vereinheitlichung von Darstellungs- und Kommunikationsformen.

Produkte – Umsatz – Strategie

Henkel-Produkte

Verbraucher in mehr als 125 Ländern kennen die Markenprodukte von Henkel, die in den Regalen von Kaufhäusern und Drogeriemärkten stehen. Mehr Umsatz als mit den klassischen Produkten für Haushalt, Handwerk, Körperpflege und Kosmetik erzielt das Unternehmen allerdings mit den weniger bekannten Technologien für die Branchen Automobilfertigung, Flugzeugbau, Elektronik und Verpackungsindustrie.

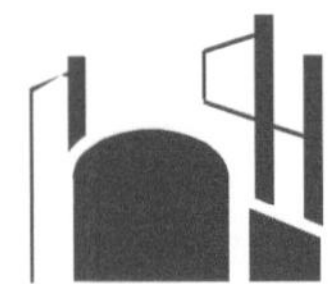

Adhesive Technologies

Klebstoff-Technologien nennt sich die Produktgruppe, die im Wesentlichen folgende Artikel umfasst: Industriekleber, Produkte für Oberflächenbehandlung, Fliesenkleber, Fugendichtungsmassen, Wärmedämmungen, Oberflächenbeschichtungen, Reiniger, Harze, Schmierstoffe, Tapetenkleister, Bauklebstoffe, Klebstoffe für den Alltagsgebrauch wie Pattex, Pritt und Fliesenkleber. Neu im Sortiment sind Kleber für Solaranlagen.

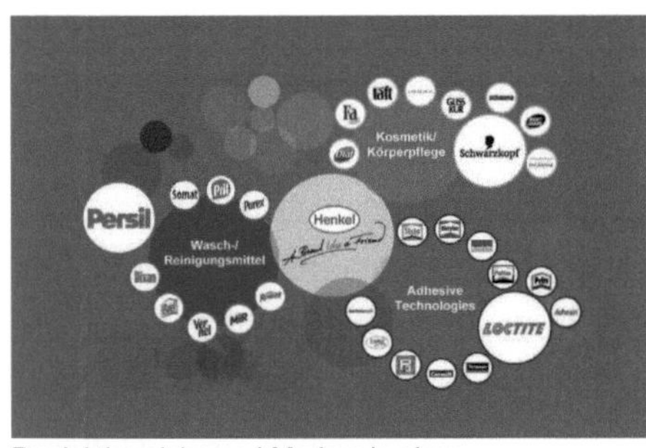

Produktbereiche und Marken in einer Darstellung der Henkel AG & Co. KGaA

Wasch- und Reinigungsmittel

Die Produktpalette: Universalwaschmittel, Weichspüler, Geschirrspülmittel, Spezialreiniger, Scheuermittel, Mittel für Boden- und Teppichpflege, Reiniger für Bad, WC, Glas und Küchen, Lufterfrischer, Insektizide für den Haushalt.

Kosmetik-Körperpflege

umfasst Pflegemittel für Haare, Körper und Haut, Mittel für Mundhygiene, Düfte. Marken sind u.a.: Schwarzkopf, Fa, Taft und Schauma.

Umsatzentwicklung und Trend

Im Jahr 2007 erzielte Henkel, das zu den 500 Fortune-Global-Unternehmen zählt, einen Umsatz von 13.074 Mio. Euro. Im Bereich Wasch- und Reinigungsmittel gibt es kaum noch nennenswertes Wachstum. Das liegt daran, dass steigende Rohstoffpreise an den Handel nicht ohne weiteres weitergegeben werden können und in einigen Ländern, wie dem Iran beispielsweise, der Staat den Preis für Waschmittel festlegt.[1] In der Region Naher Osten/Afrika steigt der Umsatz für Universalwaschmittel.

---

[1] Henkel-Life 2/2007

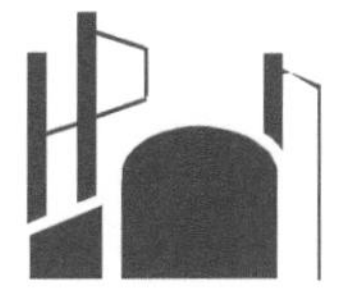

Einen geringen Umsatzanstieg von 2,5 Prozent gab es bei Kosmetik und Körperpflege. In diesem Bereich sieht man sich in Europa einem erhöhten Konkurrenzdruck ausgesetzt. Mit gezielten Werbekampagnen gelang es, in Nordamerika in Teilbereichen des Sektors Körperpflege Zuwächse zu erzielen. Deutliches Umsatzplus gab es im gesamten Bereich Adhesive Technologies. Besonders in Osteuropa sind Bauklebstoffe gefragt, da dort viele neue Baumärkte entstehen.

Strategische Geschäftseinheiten

In der Zentrale in Düsseldorf werden die drei Produktbereiche als sogenannte strategische Geschäftseinheiten geführt. Die sind eng mit den Abteilungen Forschung und Entwicklung, Beschaffung, Verwaltung, IT, Verwaltung sowie dem Management der Regionen vernetzt, um dort, wo es Vorteile verschafft, Aktivitäten zu zentralisieren. So befinden sich Henkels Produktionsstandorte dort, wo man die jeweils besten Rahmenbedingungen vorfindet. Größter Produktionsstandort ist immer noch Düsseldorf. Neben Wasch- und Reinigungsmitteln wird hier der Klebstoff Pritt hergestellt. In Pennsylvania, USA, befindet sich der größte Standort für die Herstellung von Flüssigwaschmitteln. Kosmetik produziert Henkel in Wassertrüdingen in Deutschland, ebenso in Aurora, Illinois, USA.

Wo ein Produkt hergestellt wird, hängt auch von den Transportkosten ab. Sind diese niedrig, lohnt es sich, große Transportwege in Kauf zunehmen, wenn nur die Produktion entsprechend billig ist. Sind die Transportkosten hoch, wird man Produktionsstandorte in der Nähe des Absatzmarktes vorziehen.

Gebündelter Einkauf für Rohstoffe, auf oft sensiblen Beschaffungsmärkten, für die ganze Firma oder Teile davon verschafft weitere Preisvorteile. Man nutzt bewusst den Einfluss, zu dem die Größe des Konzerns, seine weltweite Streuung und regionale Präsenz verhelfen.

Produktanpassung

Was in der Marketing-Fachsprache „eigene Formate und Produktanpassung" heißt, bedeutet: Ein für den Gebrauch im Alltag bestimmtes Produkt muss vom Kunden als solches auf einen Blick erkannt werden und sich zudem noch klar vom Konkurrenzprodukt abheben. Da Henkel seine Massenartikel in vielen Ländern vertreibt, ergibt das eine entsprechend bunte und vielfältige Produktpalette. Die für den gleichen Zweck entwickelten Artikel unterscheiden sich beachtlich in Bezeichnung, Form, Farbe, Beschriftung und manchmal auch noch in den Duftnoten.

Das Spülmittel mit der deutschen Bezeichnung PRIL heißt in Frankreich MIR, in Spanien MISTOL und in Algerien ISIS.

Unter dem Name RENDIDOR vertreibt Henkel das auf dem deutschen Markt SPEE genannte Produkt in Belize, Costa Rica, El Salvador, Guatemala, Honduras, Nicaragua und Panama. NICE heißt es in Libanon, Syrien, Jordanien; DAC in Saudi-Arabien, Bahrein, Kuwait und im Oman.

Berücksichtigung länder- und kulturspezifischer Ästhetik, Designvorstellungen und Duftvorlieben sind weitere Faktoren der Produktanpassung. Unterschiede gibt es auch in den Marketingstrategien.

US-Amerikaner haben beispielsweise einen anderen „Geschmack" als Europäer. DIAL 3D heißt da eine Seife für Männer, die in kürzester Zeit eine Top-Position im US-Markt erobert hat. „3D" steht für die Dimensionen „Tiefe Reinigung – Zerstörung von Keimen – Schutz vor Körpergeruch". Mit ähnlichem Werbeslogan wäre in Europa für Seife sicher kein Verkaufserfolg zu erzielen.

Auf dem südamerikanischen Markt orientiert man sich am Verbraucher der unteren Einkommensklassen und bietet kleinere Verkaufseinheiten bei Shampoos und Deocremes an.

Sind es in USA „Argumente", so ist es in Osteuropa die Kombination aus Beschriftung und praktischen Symbolen, die das Produkt anpreisen. Heimwerkerprodukte wie Pattex müssen an die Unterschiede der lokalen Bausubstanz angepasst werden, die sich von der in Westeuropa unterscheidet.

Der Kleber Pattex für den osteuropäischen Markt: Nicht nur Unterschiede bei Tubenfarben und Beschriftung

Bei Verpackungsdesign und -beschriftungen gilt es in manchen Regionen die hohe Analphabetenrate zu berücksichtigen,[1] die in Ägypten, Algerien und Tunesien vor allem bei Frauen noch extrem hoch ist. Bilder helfen, das Produkt und seine Verwendung zu erkennen.

Produktanpassung für die arabische Welt

Bei Waschmitteln sind landesübliche Wasch-und Putzgewohnheiten ins Kalkül zu ziehen. So wird Waschpulver in Algerien nicht nur zum Wäschewaschen, sondern auch zum Spülen und zur Bodenreinigung verwendet.

In zahlreichen Ländern Nordafrikas und in Indien wird traditionell viel weiße Kleidung getragen. Dafür gibt es spezielle Waschmittel.

[1] Henkel Life 2/2007, S. 2

Wenn die Menschen sich gerade das Nötigste leisten können, ist es sicherlich überflüssig, hochwertige Kosmetikartikel oder Weichspüler anzubieten.

Frauen beim Waschen in einem Entwicklungsland

In islamischen Ländern ist bei Bildern auf Etiketten aller Artikel Rücksicht zu nehmen auf die manchmal strengen Kleidervorschriften für Frauen.

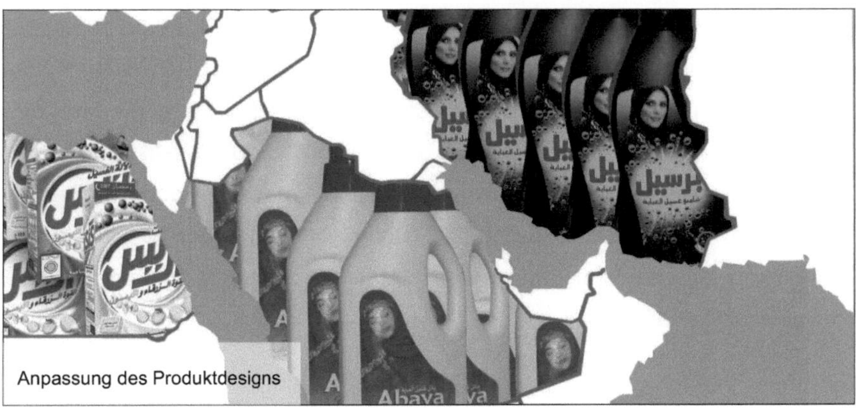

Anpassung des Produktdesigns

Standards – Normen – Standardisierung

In der technisierten Welt geht nichts mehr ohne Normung und Standards. Man stelle sich vor, Papierblätter, Kredit- und SIM-Karten oder die Container, die Gütertransport mit Bahn, LKW und Schiffen in großem Stil erst möglich gemacht haben, hätten beliebige Größe. Chaos wäre die Folge, und viel Unsicherheit käme hinzu, bedenkt man die unzähligen Sicherheitsstandards, die allein im Laufe der Industrialisierung entstanden sind. Nahezu alle Bereiche des modernen Lebens sind tangiert von Normen und Standards, die sowohl Zielsetzungen als auch Realisierungen beschreiben. Aber nicht nur deshalb ist es schwierig, die Begriffe Normung, Standards, Standardisierung zu definieren. Begriffsverwirrung kann entstehen, weil alle drei Ausdrücke ähnliches beschreiben und der eine zur Erklärung des anderen Verwendung findet. Da im internationalen Kontext der Gebrauch der englischen Sprache üblich geworden ist, erschweren zusätzlich Anglizismen, die Begriffe zu präzisieren.

Standard

meint Regeln, Richtmaß, Vorschrift. Eine klarere Definition liefert die älteste Organisation dieser Art in Europa, die sich dem Thema „Technische Standards“ widmet, das British Standard Institute: „Ein Standard ist ein öffentlich zugängliches technisches Dokument, das unter Beteiligung aller interessierten Parteien entwickelt wird und deren Zustimmung findet. Der Standard beruht auf Ergebnissen aus Wissenschaft und Technik und zielt darauf ab, das Gemeinwohl zu fördern.“ Im Unterschied zur Norm ist kein offizielles Verfahren notwendig. Es handelt sich um stillschweigende Übereinkünfte zu Regeln, aber auch zu Methoden, die sich in der Praxis eine breite Akzeptanz verschafft haben, weil sie sich als technisch nützlich und richtig erwiesen haben. Beispiele sind herstellerspezifische Industriestandards. Man spricht auch von proprietären oder „De-facto-Standards“.

Normung

in der Industrie beschreibt die Vereinheitlichung von Benennungen, Kennzeichen, Formen, Größen, Abmessungen und Beschaffenheit der Erzeugnisse. Im Gegensatz zu einem „Standard“ ist eine „Norm“ – wenn auch in der Regel aus einem Standard entstanden – eine rechtlich anerkannte, aus einem Normenverfahren hervorgegangene Regelung. „De-jure-Standard“ heißt das. Zuständig dafür sind nationale und internationale Normenorganisationen. Das „Deutsche Institut für Normung e.V.“(DIN) ist in Deutschland die Instanz, die in Normenausschüssen und Arbeitsgruppen in Zusammenarbeit mit Industrie, Handel, Verbraucher- und Handwerksverbänden, Hochschulen, Prüfinstituten und Behörden die Normenarbeit organisiert. Im internationalen Bereich ist am bekanntesten die „International Organization for Standardization“ (ISO) in der mehr als 150 Länder vertreten sind. Das DIN ist seit 1951 Mitglied der ISO und vertritt dort die deutschen Interessen. Das Europäische Institut für Telekommunikationsnormen (European Telecommunications Standards Institute, kurz ETSI) ist eine der großen Normungsorganisationen in Europa. GSM und UMTS, beide Standards für den digitalen Mobilfunk, sind hier entstanden.

Standardisierung

ist der Prozess der Vereinheitlichung. Im hier verstandenen Sinn heißt das Vereinheitlichung von Produkten, Verfahrensweisen und Geschäftsprozessen. Es geht um die Entwicklung wünschenswerter Standards von Produkten und Dienstleistungen hinsichtlich Qualität, Sicherheit, Austauschbarkeit, Effizienz und Zuverlässigkeit. Letztlich gehört Standardisierung immer noch zu den wichtigsten Rationalisierungsmaßnahmen der Wirtschaft.

Standards bei Henkel

Mit Hilfe firmeneigener Standards will Henkel eine weltweit gleiche Produkt- und Servicequalität erreichen. Wo immer möglich, bietet Henkel einheitliche Produkte an, wo nötig und sinnvoll, greift die Produktanpassung. Die Standardisierung umfasst zudem innerbetriebliche Organisationsstrukturen und Systeme.

Angestrebt wird ein einheitliches Erscheinungsbild der Firma nach außen. Ziel ist es weiter, die Übersichtlichkeit der Prozesse zu verbessern und Arbeitsschritte und Vorgänge zu vereinfachen, sie gegebenenfalls sogar zu reduzieren. Man will die Fehlerquote senken und mit dem Ausschöpfen möglichst vieler Rationalisierungsmaßnahmen Kosten senken. Zu diesem Zweck wurden bei Henkel weltweit Tausende Prozesse in Produktion, Lieferkette und Verwaltung identifiziert und weitgehend standardisiert. Für jeden dieser Prozesse ist ein Prozessverantwortlicher, sogenannter „Process Owner" zuständig. Dessen zentrale Aufgabe besteht darin, die festgelegten Standards praktisch umzusetzen und regelmäßig zu prüfen, ob weitere Standardisierung Vorteile bringt. Henkel hat folgende Unternehmens-Standards festgelegt:

Social Standards

beschreiben die Unternehmenskultur, das Selbstverständnis der Firma und ihr äußeres Erscheinungsbild. Die Henkel-Vision lautet: „Wir sind führend mit Marken und Technologien, die das Leben der Menschen leichter, besser und schöner machen." Die wichtigsten Werte der Firma sind: „Wir sind kundenorientiert - Wir entwickeln führende Marken und Technologien - Wir stehen für exzellente Qualität - Wir legen unseren Fokus auf Innovationen - Wir verstehen Veränderungen als Chance - Wir sind erfolgreich durch unsere Mitarbeiter - Wir orientieren uns am Shareholder Value - Wir wirtschaften nachhaltig und gesellschaftlich verantwortlich - Wir verfolgen eine aktive und offene Informationspolitik - Wir wahren die Tradition eines offenen Familienunternehmens". Diese Werte stehen auf einer Chipkarte, die jeder Henkelmitarbeiter bei sich trägt. Darüber hinaus wird den Mitarbeitern bei Schulungen ein einheitliches Verständnis der Unternehmenswerte und Verhaltensregeln vermittelt. In Asien, Deutschland, Latein- und Nordamerika werden dazu mehrtägige Seminare durchgeführt, um die Top-Manager auf die Social Standards einzuschwören. Seit 2002 lautet Henkels Motto: „A Brand like a Friend." Dieser allgegenwärtige Wahlspruch zielt ab auf eine einheitliche Wahrnehmung der Firma intern und in der Öffentlichkeit.

Unternehmenskommunikation

Das Corporate Design, das Erscheinungsbild der Firma, mit rotem Rand, Henkel-Logo „A Brand like a Friend“ und einem abstrahierten Bild zu einem der zehn Unternehmenswerte bestimmt das Layout der gesamten schriftlichen Unternehmenskommunikation. Auf Briefen, Veröffentlichungen, Präsentationen – immer das gleiche Erscheinungsbild. Auch der Internetauftritt des Unternehmens ist an diese Vorgaben gebunden. Inhalte und Darstellung sind vereinheitlicht, die Informationen in Englisch und Deutsch bereitgestellt.

Beschaffung

fällt bei Henkel in den Zuständigkeitsbereich der sogenannten Einkaufsplattform. Ungefähr 650 Mitarbeiter in den Henkel-Regionen arbeiten eng zusammen, um die Markvorteile eines zentralen Einkaufs der Tenside und Plastisole für Klebstoffe und der anorganischen Rohstoffe für Waschmittel und Oberflächenbehandlung voll auszuschöpfen. Hinter den Titeln „Sourcing to Purchase“, „Reporting“ und „Purchase to Pay“ verbergen sich die standardisierten Abläufe, die den Rohstoffeinkauf von der Beschaffungsquelle über die innerbetriebliche Registrierung bis hin zum Bezahlungsmodus bis ins kleinste Detail für alle Produktbereiche und Regionen regeln.

Marktpreisentwicklungen und marktbestimmende Lieferanten ständig im Auge zu behalten ist die Aufgabe global agierender Einkaufsteams, die zudem gemeinsam mit den jeweiligen Unternehmensbereichen die Zulassung neuer Rohstofflieferanten prüfen.

Zu den Standards im Einkauf gehört auch die Arbeitsweise der Lieferanten in Bezug auf Sicherheit, Gesundheit und Umwelt. Zwanzig Prozent des Einkaufsvolumens kommen bereits von Lieferanten und Vertragspartnern, deren Produktionsstätten „auditiert“, d.h. offiziell überprüft worden sind.

Logistik

Henkel legt für seinen Logistikbereich laufend neue Standards fest, die helfen, die Kosten für Transport und Lagerhaltung zu senken. So wurden die Lager des Unternehmensbereiches Wasch- und Reinigungsmittel in Deutschland zu sechs großen Regionallagern zusammengelegt, Ziel ist die Reduzierung auf drei Lager.

Nur durch die zentrale Auslieferung der Wasch- und Reinigungsmittel in Osteuropa von Wien aus konnte Henkel im Jahr 2007 etwa 200.000 Transportkilometer, also ca. 70.000 Liter Dieselkraftstoff einsparen.

Von Verlagerung von Produktionsstandorten und Logistikeinrichtungen in die Türkei verspricht man sich die Einsparung von weiteren 1,3 Mio. Transportkilometern bzw. 445.000 Liter Dieselkraftstoff.

Personal

Ausgehend von der Zentrale in Düsseldorf standardisiert Henkel alle Prozesse im Bereich Personalwesen, von der Bewerbung über Einstellungstests, von der Anstellung bis hin zu Förderung und Fortbildung.

IT-Standardisierung

Teile der Softwareentwicklung sind bei Henkel in Länder mit einem günstigeren Lohnniveau outgesourced. Die Pflege der Anwendungssysteme und Software zur Unterstützung der vielfältigen Geschäftsprozesse ist Sache der 750 Mitarbeiter (mit National Starch 1.000) der IT-Abteilung VITO.[1]

Für Entwicklung, Kauf, Einsatz und Wartung von Anwendungssystemen und Software gibt es firmeneigene Standards; für elektronische Zusammenarbeit und E-Mail ist dies seit 1993 DOMINO Notes. Der Notes Client ist an 35.000 Arbeitsplätze „ausgerollt". Zu den wichtigsten Notes-Anwendungen zählen das Henkel-Intranet, diverse Workflow-Anwendungen, die beispielsweise Innovationsprozesse abbilden (StageGate), Teamräume, Knowledge Management-Datenbanken sowie das Dokumentenmanagement. Notes ist über Schnittstellen an SAP R/3, SAP BW und andere Systeme angeschlossen und kann mit einem Notes- oder Web-Client überall auf der Welt genutzt werden. Ein typischer Notes-unterstützter Prozess ist der Ablauf eines Meetings: Vom Einladen der Gesprächsteilnehmer, der Raumplanung, über die Tagesordnung bis hin zum Protokoll ist alles als Notes-Workflow mit entsprechenden Standard-Dokumenten elektronisch vorgegeben.

Für die synchrone Kommunikation zwischen allen Henkelstandorten ist das System „Lotus Sametime" Standard. Über dessen Awareness-Funktion kann man jederzeit verfolgen, wer wo im Firmennetz gerade online ist, dies ist im Geschäft in verschiedenen Zeitzonen von Vorteil. Kollegen sind elektronisch „sichtbar" und können ohne Umschweife direkt angesprochen werden. Man kann synchron „chatten" und umgeht das asynchrone E-Mail, das zu Zeitverzögerungen im Arbeitsablauf führt. Das Application Sharing schließlich ermöglicht über den Globus verteilt online Konferenzen, Präsentationen und das gemeinsame Arbeiten an Dokumenten und anderen IT-Anwendungen.

Standard für die operative Anwendungssoftware in Personal, Produktion und Rechnungswesen sowie Controlling ist SAP. Erst im Oktober 2007 wurden

[1] Virtual IT Organization

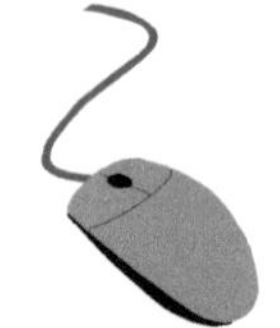

neun zentrale SAP-Systeme in Westeuropa und Amerika auf die Version SAP ERP 6.0 umgestellt. Dies betraf 12.000 Nutzer in 13 Ländern und 50 Standorten. Betroffen waren wichtige Geschäftsprozesse bei Henkel – wie Auftragseingang, Waren- und Rechnungsversand, Lagerbestandsmanagement und Produktion. Eines der größten IT-Projekte der Firmengeschichte beschäftigt sich derzeit damit, das neu erworbene amerikanische Unternehmen „National Starch" mit der Henkel-Rechnerwelt zu verdrahten.[1] Das Henkel SAP Portal stellt rollenbasiert alle relevanten Anwendungen und Informationen für die Mitarbeiter zur Verfügung.

Pro Produktbereich ist bis auf Länderebene die System- und Softwareunterstützung standardisiert. Im Produktbereich Kosmetik beispielsweise sind insgesamt dreihundert Beschaffungs-, Vertriebs-, Marketing-, Forschungsprozesse standardisiert. Ebenso bedient man sich immer gleicher Ablaufschritte bis eine Produktidee schließlich zur Marktreife gelangt. Festgeschrieben sind Entwicklung, Tests und die Übereinstimmung mit der Marketingstrategie bis hin zu Produktion und Einführung (Launch) auf dem Markt. Dem Produktbereich sind IT-Spezialisten zugeordnet, deren Aufgabe darin besteht, die anfallende IT-Unterstützung z.B. für die „Kosmetik" in allen Standorten, insbesondere die Abstimmung mit der zentralen IT-Abteilung zu koordinieren. Die Einjahresplanung der IT-Projekte – Wartung, Erweiterung und Infrastruktur – gehört ebenfalls in den Verantwortungsbereich der IT-Spezialisten der Produktbereiche. Da befindet sich auch die „Fundgrube" für neue IT-Themen, die für künftige Prozessunterstützung von Interesse sein könnten. Was letztlich realisiert wird, entscheidet das Unternehmens-„IT-Council". Die IT-Spezialisten eines Produktbereichs sind außerdem die erste Anlaufstelle für die „Process Owner" der Geschäftsprozesse. Sie übernehmen bei „Störungen" die Weiterleitung in die zentrale IT-Abteilung. Auch der „Reparaturservice" der dann aktiv wird, arbeitet nach festgelegten Regeln und Zeitvorgaben. In die Zuständigkeit der IT-Fachleute der Produktbereiche fällt weiter die Umsetzung der Vorgaben für Systementwicklungen und Software, die in der zentralen IT initiiert wurde.

[1] Henkel-Life 11/2008, S. 2

Zur Unterstützung von Innovationsprozessen wurde auf Notes-Basis die Anwendung „StageGate“ entwickelt. Ein Verbesserungsvorschlag oder ein neues Produkt muss die Stationen „Idee|Entscheidung|Budget|Validierung|Launch“ durchlaufen, die „StageGate“ als Tore abbildet.

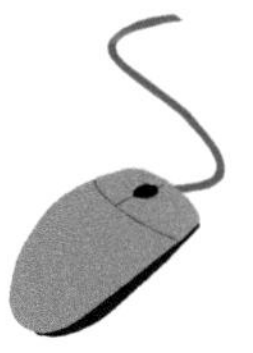

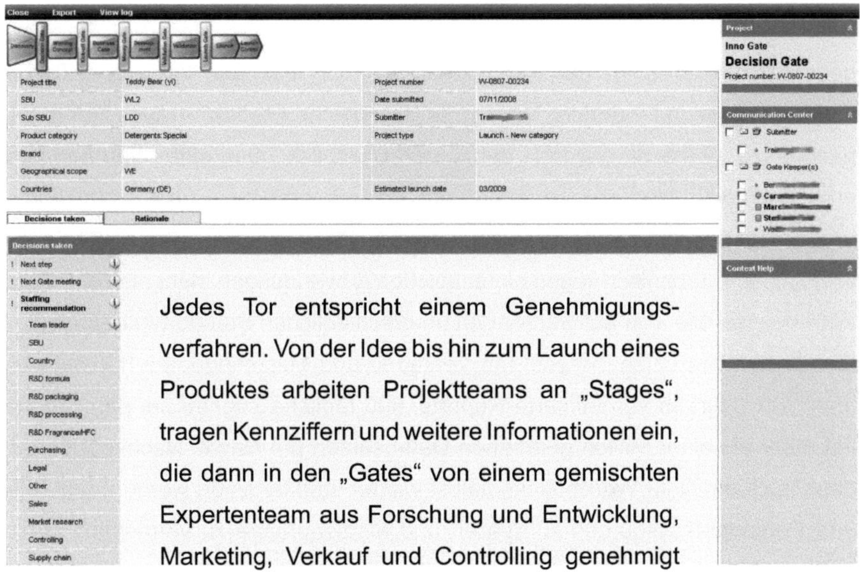

Jedes Tor entspricht einem Genehmigungsverfahren. Von der Idee bis hin zum Launch eines Produktes arbeiten Projektteams an „Stages“, tragen Kennziffern und weitere Informationen ein, die dann in den „Gates“ von einem gemischten Expertenteam aus Forschung und Entwicklung, Marketing, Verkauf und Controlling genehmigt und weitergeleitet werden. Pro Tor steht ein Kommunikationscenter zur Verfügung, in dem der „Erfinder“ und beurteilende Fachleute mit den für diesen Prozess zuständigen Mitarbeitern „chatten“,„mailen“ oder telefonieren können. Ein „Erfindungsvorgang“ gilt als abgeschlossen, wenn sich alle fünf Tore „geöffnet“ haben.

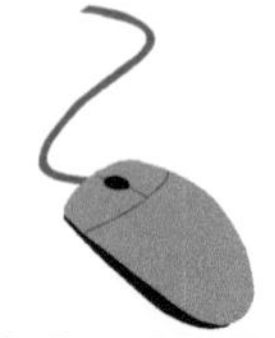

Neben individuellen Dokumenten-basierten IT-Prozessen sind spezielle operative Anwendungssysteme für Forschung, Entwicklung, Rezepturen, Kundenservice, Reklamationen, Produktionsplanung und Qualitätsmanagement im Einsatz. Selbst für Excel, das als „Frontend“ u.a. für Data Warehouse und Business Intelligence im Einsatz ist, sind Standards definiert.

Sechzig Business-Intelligence-Anwendungen, in der Fachsprache „Reports“ genannt, existieren für den Produktbereich Kosmetik. Die länderspezifische Produktanpassung – andere Namen für das gleiche Produkt – muss hier quasi rückgängig gemacht werden, damit der Überblick über eine Warengruppe erhalten bleibt. Und der ist nötig, um präzise Verkaufs- und Produktions-Vorhersagen und Umsatzentwicklungen pro Produkt, Land und Zeitraum zu ermöglichen. Technisch liegen hinter solchen Anwendungen mehr als zehn Data Warehouses, die sich auf Servern an unterschiedlichen Standorten befinden.

Das Data Warehouse „MARS“ mit Verkaufs- und Marketingdaten hat weltweit über 900 User, 35 vordefinierte Reports, 600 tägliche Zugriffe auf die Reports mit mehr als einer Million geladenen Datensätzen pro Nacht. Nachvollziehbar, dass auch die Data Warehouses selbst wieder standardisiert werden, um Zeit- und Personal-Ressourcen zu sparen und Medienbrüche zu vermeiden. Dazu gibt es bei Henkel ein IT-Projekt, das sich mit der Standardisierung von Reports beschäftigt.

WEB 2.0 – eine Option für Henkel?

Im Hinblick auf das strenge hürdenreiche Standardisierungs-Procedere bei Henkel darf man gespannt sein, ob „Web 2.0“ sich als Firmenstandard etabliert.

Web 2.0 steht in erster Linie für eine Marketingstrategie. Es bedarf keiner neuen Version einer Software, neuer Protokolle oder besonderer technischer Spezifikationen, um elektronisch zu kommunizieren; und genau das macht im Kern Web 2.0 aus.

Viele Seiten sind schon beschrieben worden, um Web 2.0 zu erklären. Es geht im wesentlichen um Bedürfnisse wie Kontakte knüpfen, Freunde und

Partner finden, sich darstellen, Meinungen äußern, spielen, unterhalten, Erlebnisse in Foto und Video mit anderen teilen. Das war alles auch schon vor der Proklamation von Web 2.0 technisch möglich, wurde aber nur sporadisch genutzt. Die Botschaft „alle dürfen mitmachen", kam an beim Verbraucher: Foren, Blogs, Twitter und Wikis, also Lexika, an deren Erstellung sich jeder beteiligen kann, erfreuen sich großer Beliebtheit.

Der amerikanische Wahlkampf hat gezeigt, wie mit Web 2.0 Menschenmassen zu mobilisieren sind. Der Wahlkampf, die Berichterstattung, aber auch das Spenden bekamen eine neue Dimension. Web 2.0 hat scheinbar den Abstand zur großen Politik reduziert. Eine Million Menschen ließen sich auf Obamas Homepage registrieren. Sie war vollgepackt mit interaktiven Formaten, über die sich seine Anhänger organisieren konnten. Obama rief bei seinen Auftritten die Leute dazu auf, ihre Handys hochzuhalten und fünf Ziffern einzugeben, direkt wurden die Telefonnummern an die Obama-Zentrale übermittelt und dort gespeichert. Auf den Web 2.0 Plattformen „MySpace", „Facebook", „Twitter" und „iTunes" waren seine Reden für jedermann zu sehen und zu hören. Obama forderte über diese elektronischen Plattformen dazu auf, Nachbarn und Freunde zu privaten Wahlparties einzuladen und stellte vorab Diskussions-Videos zum Download bereit. Obamas „persönliche" Mitteilungen endeten stets mit seinem Vornamen. „Myspace politics" nannte das US-Magazin „The Atlantic" Obamas Web 2.0 Kampagne.[1] Wahrscheinlich nur eine Frage der Zeit, wann die Wirtschaft die Dynamik des Mediums für ihre Zwecke in ähnlicher Weise wie die US Wahlkämpfer nutzt. Allgemein lassen sich bei dem Mitmachweb drei Einsatzgebiete unterscheiden.

Private Mitmachnetze

Der Mitmacher schreibt, bloggt, twittert, veröffentlicht sein Tagebuch. All diese persönlichen Einträge, geschickt analysiert, geben Auskunft über Bedürfnisstrukturen. Die Hochschule Lahr[2] hat diesbezüglich Untersuchungen

1 ZEIT Magazin zur US-Wahl
2 Wissenschaftliche Hochschule Lahr

durchgeführt. Durch die Analyse von Weblogs hat man Besucherzahlen von Kinofilmen vorhergesagt. Die Trefferwahrscheinlichkeit der Prognosen lag bei 90%. Sollten solche Web-Analysen Schule machen und sich in der Geschäftspraxis bewähren, ist es nicht mehr weit bis sie zum Standard werden. Aus Web-Tagebucheinträgen Kundenbedürfnisse herausfiltern, liegt im Bereich der Möglichkeiten. Damit könnte Web 2.0 zum Instrument werden, um ganz nah an den Kunden heranzukommen.

Kundenbindung

Der neueste Trend ist, Internetportale durch eine Community zu ergänzen. So kann man mehr über Vorlieben von Kunden erfahren, deren Bewertungen höher im Kurs stehen als die der herkömmliche Internetseiten.

Firmeninterne Mitmachnetze

Firmen-Wikis sind bei Henkel im Test. Noch ungeklärt: Wer übernimmt die Verantwortung für den Inhalt der Beiträge? Man könnte darüber nachdenken, von Mitarbeiter als wichtig empfundene Dokumente zu bezeichnen, oder wie es in der Fachsprache heißt, „taggen" zu lassen. Die Kenntnisse eines Mitarbeiters könnten ebenfalls „getagged" sein. Getagged heißt: Von vielen bewertet. Man arbeitet dann mit der „Intelligenz der Vielen" – wie auch immer das zu bewerten ist. „Blogs" und „Wikis" könnten informell zu „neuen Ideen" und Zusammenhängen führen, auf die man möglicherweise in konventioneller sequentieller Weise nicht gekommen wäre.

Für die Weiterbildung externer IT-Trainer befindet sich eine Web 2.0-Applikation als „vertraulicher Klassenraum" im Test, in dem eine ausgewählte Gruppe von Trainern untereinander und mit ihrem Ausbildungsleiter kommuniziert und gemeinsam arbeitet: Lehrer-Blogs sollen beim Lösen von Aufgaben helfen. Tags zu dem vom Lehrer eingestellten Unterrichtsmaterial geben einen Überblick über dessen Wert für die „Schüler". Prüfungen finden elektronisch in eigenen vertrauten Räumen statt, hier tagged der Lehrer. Jeder kann Material und Dokumente in den Klassenraum einstellen, muss das nicht umständlich mit

Up- und Downloading im Internet durchführen, sondern erledigt es über sogenannte Konnektoren. Soll heißen, ein für den Klassenraum wichtiges Word-Dokument wird aus Word heraus mit einem Konnektor in den Web 2.0 Klassenraum „eingecheckt". Über Änderungen informiert ein Abo, RSS-Feed[1] genannt.

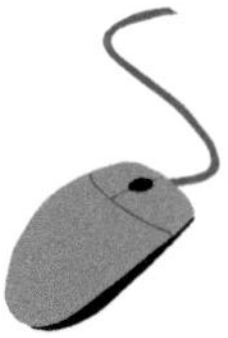

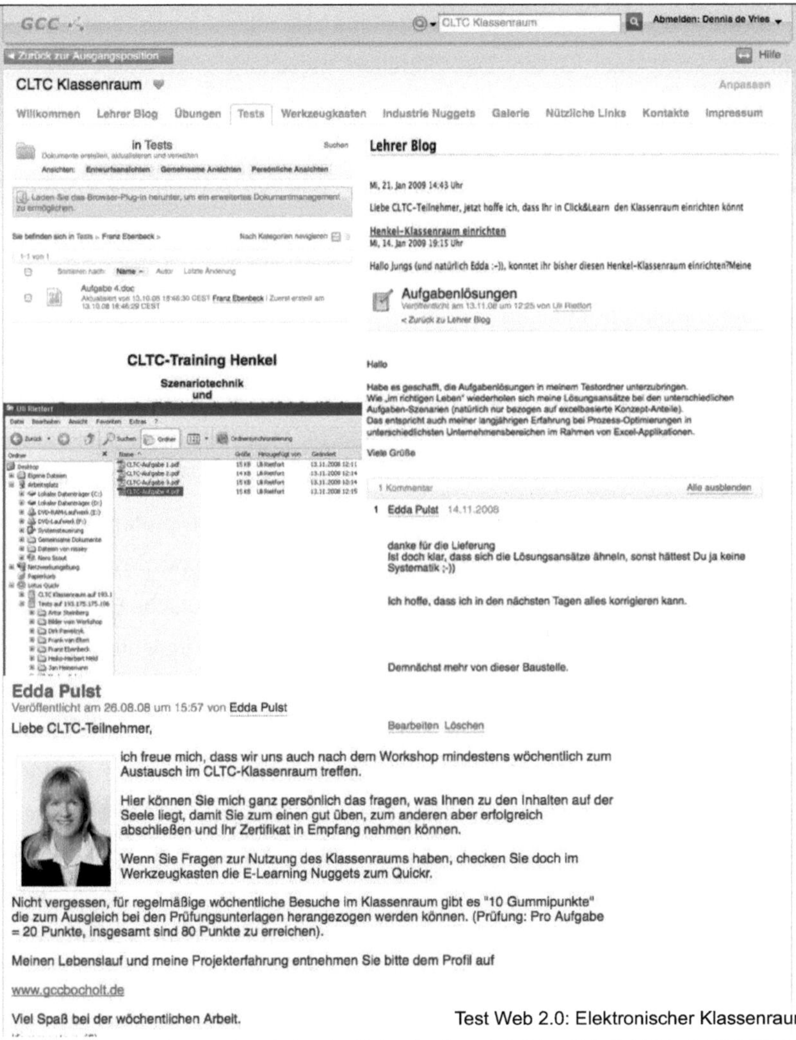
CLTC Klassenraum
Abmelden: Dennis de Vries
Zurück zur Ausgangsposition
Hilfe
CLTC Klassenraum
Anpassen
Willkommen
Lehrer Blog
Übungen
Tests
Werkzeugkasten
Industrie Nuggets
Galerie
Nützliche Links
Kontakte
Impressum
in Tests
Lehrer Blog
Mi, 21. Jan 2009 14:43 Uhr
Liebe CLTC-Teilnehmer, jetzt hoffe ich, dass Ihr in Click&Learn den Klassenraum einrichten könnt
Henkel-Klassenraum einrichten
Mi, 14. Jan 2009 19:15 Uhr
Hallo Jungs (und natürlich Edda :-)), konntet ihr bisher diesen Henkel-Klassenraum einrichten?Meine
Aufgabenlösungen
Aufgabe 4.doc
CLTC-Training Henkel
Szenariotechnik
und
Hallo
Habe es geschafft, die Aufgabenlösungen in meinem Testordner unterzubringen.
Wie „im richtigen Leben" wiederholen sich meine Lösungsansätze bei den unterschiedlichen Aufgaben-Szenarien (natürlich nur bezogen auf excelbasierte Konzept-Anteile).
Das entspricht auch meiner langjährigen Erfahrung bei Prozess-Optimierungen in unterschiedlichsten Unternehmensbereichen im Rahmen von Excel-Applikationen.
Viele Grüße
1 Kommentar
Alle ausblenden
1 Edda Pulst 14.11.2008
danke für die Lieferung
Ist doch klar, dass sich die Lösungsansätze ähneln, sonst hättest Du ja keine Systematik ;-))
Ich hoffe, dass ich in den nächsten Tagen alles korrigieren kann.
Demnächst mehr von dieser Baustelle.
Bearbeiten Löschen
Edda Pulst
Veröffentlicht am 26.08.08 um 15:57 von Edda Pulst
Liebe CLTC-Teilnehmer,
ich freue mich, dass wir uns auch nach dem Workshop mindestens wöchentlich zum Austausch im CLTC-Klassenraum treffen.
Hier können Sie mich ganz persönlich das fragen, was Ihnen zu den Inhalten auf der Seele liegt, damit Sie zum einen gut üben, zum anderen aber erfolgreich abschließen und Ihr Zertifikat in Empfang nehmen können.
Wenn Sie Fragen zur Nutzung des Klassenraums haben, checken Sie doch im Werkzeugkasten die E-Learning Nuggets zum Quickr.
Nicht vergessen, für regelmäßige wöchentliche Besuche im Klassenraum gibt es "10 Gummipunkte" die zum Ausgleich bei den Prüfungsunterlagen herangezogen werden können. (Prüfung: Pro Aufgabe = 20 Punkte, insgesamt sind 80 Punkte zu erreichen).
Meinen Lebenslauf und meine Projekterfahrung entnehmen Sie bitte dem Profil auf
www.gccbocholt.de
Viel Spaß bei der wöchentlichen Arbeit.
Test Web 2.0: Elektronischer Klassenraum

[1] Really Simple Syndication. Protokoll um kontinuierlich über aktualisierte Inhalte von Web-Seiten zu informieren. Enthält eine Datenquelle (RSS Feed) und eine Empfängerseite (Feed Reader).

Vielfalt und Talente

Die vergangenen Jahre haben gezeigt, dass Arbeitsplätze, für die eine niedrige berufliche Qualifikation erforderlich ist, in Billiglohnländer abwandern. Im Gegenzug steigt der Bedarf an Arbeitskräften für Entwicklung, Management, hochwertige Dienstleistungen und Fertigung technisch komplexer Güter. Die Situation verschärft sich weiter durch die demografische Entwicklung, denn in den meisten Industrieländern sinkt die Geburtenrate. Ein Mangel an qualifizierten Arbeitskräften kündigt sich an.

Daher wird es für Firmen immer wichtiger, aus der (Mitarbeiter-)Vielfalt des gesamten internationalen Arbeitsmarktes, der sich auch in der Zusammensetzung der eigenen Belegschaft widerspiegelt, Mitarbeiter mit hoher Qualifikation zu rekrutieren, zu fördern und zu halten.

Für die „Vielfalt" ist das Diversity Management zuständig. Das Konzept beschreibt die Unterschiede der Beschäftigten in ihren persönlichen Merkmalen. Sichtbare Merkmale sind Alter, Geschlecht und ethnische Herkunft; nicht sichtbare sind kulturelle Werthaltungen, politische Einstellungen und persönliche Erfahrungen. Professionellen Umgang mit Unterschieden zu pflegen, zu prüfen, wo und wie Unterschiede für die eigene Sache genutzt werden können, gehört zu den Aufgaben des Diversity Managements. Großfirmen wie Deutsche Bank, Daimler, Lufthansa und Henkel haben diese Art des Managements institutionalisiert.

Diversity Management beschäftigt sich mit der demografischen Entwicklung, der Mitarbeiterstruktur, den Rahmenbedingungen für Väter und Mütter sowie für Frauen in Führungspositionen. Wo sich Vorurteile und Diskriminierung gerade bei internationalen Belegschaften einschleichen, ist das Diversity Management gefragt – aber auch zur Vermeidung interkultureller Fehler. Ein gutes Beispiel hierfür lieferte die Firma Mountain Bell in USA. Die nämlich beabsichtigte eine Werbekampagne, in der ein Mann mit Füßen auf dem Schreibtisch das Verkaufsprodukt präsentierte: In Amerika eine Lappalie, im arabischen Raum eine Beleidigung. Es ist Aufgabe der Diversity Abteilung, solche Aktionen im Vorfeld abzufangen.

Die Diversity Managerin von Henkel ist zuständig für den Mehrwert von „gemischten“ Arbeitsgruppen. Dahinter steht die Überzeugung, dass eine Vielfalt von Fähigkeiten und Stärken zu langfristig kreativeren Prozessen und somit besseren Arbeitsergebnissen führt.

„Awareness schaffen“ lautet der erste Schritt dieses komplexen Konzepts. Den Mitarbeitern soll bewusst werden, wo welche Unterschiede zum Vorteil der Firma umzusetzen sind. Die Führungskräfte sind dabei die Multiplikatoren, sie erhalten spezielles Training, das die ethnische und kulturelle Vielfalt, Glaubwürdigkeit und Authentizität, Nationalität, Geschlecht, Alter, aber auch unterschiedliche Einstellungen und Wertvorstellungen thematisiert.

„Inclusion“ lautet der zweite, ungleich kompliziertere Schritt. Hier geht es darum, das Gelernte im Tagesgeschäft umzusetzen und die Fähigkeiten und Stärken jedes einzelnen auch zur Wirkung kommen zu lassen. Man stelle sich vor, nur ein ganz bestimmter Typus – gewissermaßen wie aus einer einzigen Form gegossen – würde in der Firma arbeiten: Produktvielfalt und internationale Ausrichtung wären nicht mehr zu realisieren. Die Herausforderung für die Diversity Managerin lautet: „Wie schaffe ich es, dass die bewußt ‚gemischt‘ zusammengestellten Teams auch wirklich gut zusammenarbeiten?“

Talentsuche

Die besten Leute am richtigen Ort, das ist das Thema im Talent Management. Eine echte Herausforderung bilden die Wachstumsregionen China, Osteuropa und der Mittlere Osten. Derzeit gestaltet sich dort die Suche nach hochqualifizierten Mitarbeitern als besonders schwierig. Im Iran blieb beispielsweise lange Zeit die Stelle des IT-Leiters unbesetzt, weil auf dem lokalen Arbeitsmarkt kein geeigneter Kandidat zu finden war. Auch auf dem deutschen Markt wird es zunehmend schwieriger, hoch qualifizierte Kandidaten, die das Zeug zum High Potential (HIPO) haben, zu finden.

Die in Unternehmensstrategie und Stellenausschreibung formulierten Erwartungshaltungen an die Bewerber bewegen sich auf hohem Niveau, das schränkt den Kreis der passenden Bewerber entscheidend ein. Global aufgestellte Firmen wie Henkel sind auf ständiger Suche nach den „Besten" für ihr Geschäft. In all den Ländern, wo Henkel Geschäfte macht, gibt es dazu Förderveranstaltungen. Man pflegt enge Verbindungen zu Universitäten und deren MBA-Programmen. Verstärkte Zusammenarbeit mit Hochschulen, Forcieren der eigenen Ausbildungsaktivitäten, Ausschöpfen der eigenen Ressourcen sind geeignete Maßnahmen. Denn wenn es an Mitarbeiterpotenzial fehlt, hat das empfindliche Auswirkungen auf die Unternehmensentwicklung.
Die Aufgabe des Talent Managements besteht nun darin, sobald die Bewerber im Unternehmen sind, die Situation realistisch zu bewerten und entsprechend zu reagieren. Die Förderung der Führungskräfte steht in engem Zusammenhang mit der Bedarfsplanung, in der die Produktbereiche und Regionen ihren Führungskräftebedarf nach Ebenen, Funktionen und Ländern für einen bestimmten Zeitraum abschätzen.

Die Aufgaben des Talentmanagements im einzelnen sind:

- Halten der Mitarbeiter (Retention)
- Trainings und Führungskräfteentwicklung (HIPO- Development)
- Leistungsmessung (Performance)
- Erstellung von Kompetenzprofilen
- Erstellung von Prognosen zum zukünftigen Bedarf

Das eigentlich Neue an diesem Konzept sind die globale Dimension und die Konsequenz, mit der Mitarbeiter zielgerichtet für die richtige Position weiterentwickelt werden: Das reicht vom sogenannten „Training on the Job“ über die firmeneigene „Global Academy“ bis hin zum Personal Coaching.
Um Erfahrungsbreite von Führungskräften sicherzustellen, ist der Wechsel zwischen Einsatz in verschiedenen Geschäftsbereichen und Auslandstätigkeit obligatorisch. Bereitschaft und Kompetenz für Auslandseinsätze gehören zu den Zentralkompentenzen (Core Competences) eines jeden Mitarbeiters im mittleren und oberen Management. Damit wird erreicht, dass die meisten der Top-Führungskräfte über mehrjährige Auslandserfahrung und Verwendungsbreite verfügen. „Triple Two“ heißt dieses Konzept.
Moderne IT-Werkzeuge helfen dabei, den Status der Leistungen festzustellen und sie zielgerichtet weiterzuentwickeln.

IT-gestütztes Talentmanagement

Talentmanagement soll dabei helfen, die besonderen Begabungen eines Mitarbeiters zu identifizieren und zielgerichtet zu entwickeln. Der Henkel-Talent-Management-Prozess für den Zeitraum von Juli bis März des Folgejahres umfasst

- Zielvereinbarung
- Potenzialbeurteilung
- kontinuierliche Weiterentwicklung des Mitarbeiters

Ist die umfangreiche Aufbauarbeit dieses IT-gestützten Prozesses abgeschlossen, soll es möglich sein, jedem zu jeder Zeit zurückzuspiegeln, wo er gerade „steht", welche Verbesserungsschritte erforderlich sind, und wie die persönliche Weiterentwicklung realisiert werden kann. Man geht davon aus, dass sich jeder Mitarbeiter weiterentwickeln möchte und bietet ihm mit dem Talentmanagement eine faire Plattform mit konstruktivem Feedback, das ihm transparent macht, warum und wie er sich sinnvollerweise weiterzuentwickeln hat, um den künftigen beruflichen Anforderungen zu genügen. Talentmanagement betrifft alle Mitarbeiter. Unterschiede gibt es bei den Trainingsmaßnahmen für die 10.000 Führungskräfte und High Potentials (HIPOs).

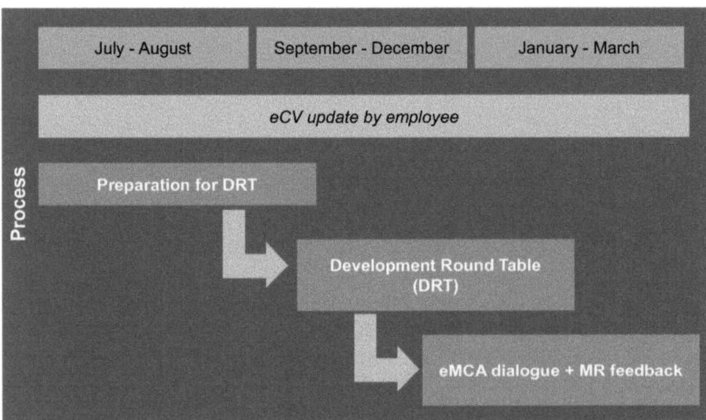

Quelle:
Grafik Henkel AG & Co.KGaA

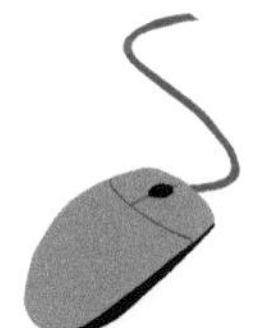

Spezielle Software unterstützt das Talentmanagement. Mit solchen Human- Capital-Management-Werkzeugen (HCM) dringt Standardisierung und damit Rationalisierung mit neuer Dimension tief ein in das traditionelle Personalwesen und beginnt dieses von Grund auf zu verändern. Bekannte Anbieter solcher HCM-Softwarepakete sind SAP, Executrack und Successfactors. Henkel nutzt die Talentmanagement Suite von SAP und hat sie in ihr Portal eingebunden.

Mit dem eCV (electronic Curriculum Vitae) hat der Mitarbeiter selbst die Möglichkeit, seinen elektronischen Lebenslauf, der u.a. seine Personal-Stammdaten enthält, durch den Eintrag neuer Kenntnisse und Fähigkeiten zu ergänzen. Über die Kategorien „Beschäftigungsverhältnis“ (Employment), „Ausbildung“ (Education) und „Sprachkenntnisse“ (Language Skills) kann er jederzeit zusätzlich erworbene Qualifikationen hinzufügen. Dazu zählt beispielsweise eine neu erworbene Fremdsprache.

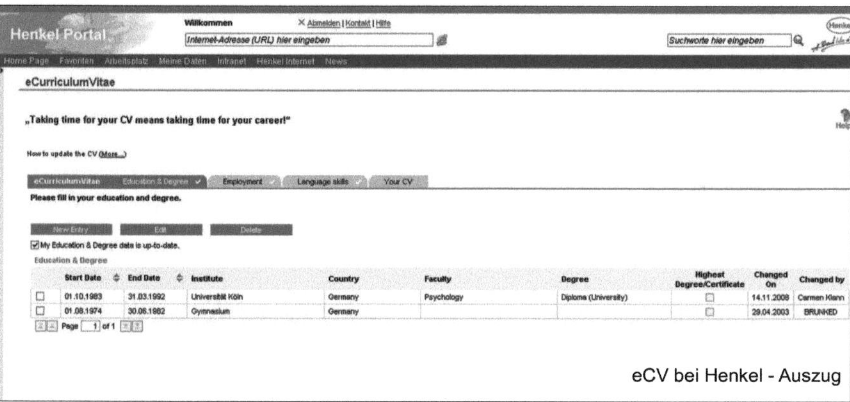

eCV bei Henkel - Auszug

Bei der Verwaltung der persönlichen Daten im Lebenslauf setzt man auf das Prinzip Selbstverantwortung. Als Motivation dient die Tatsache, dass diese Einträge für Vorgesetzte und Personalverantwortliche einsehbar sind und als Grundlage für die weitere berufliche Entwicklung dienen können.

Geht es nun darum, das Potenzial der 10.000 Führungskräfte auszuloten, so geschieht das durch deren Vorgesetzte zusammen mit Kollegen der gleichen Hierarchieebene unter der Moderation der Personalabteilung (HR) am „runden“ Tisch, Development Round Table (DRT).

So können Fehler, die aus Einzelbeurteilungen resultieren, vermieden werden. Ergebnisse der Runden-Tisch-Gespräche erlauben vorsichtige Aussagen über die Wichtigkeit des Mitarbeiters für das Unternehmen, und ob Kündigungsabsichten zu erkennen sind. Die am runden Tisch abgegebene Bewertung heißt Management Review (MR). Das Softwareelement DRT/MR unterstützt diesen Teilprozess.

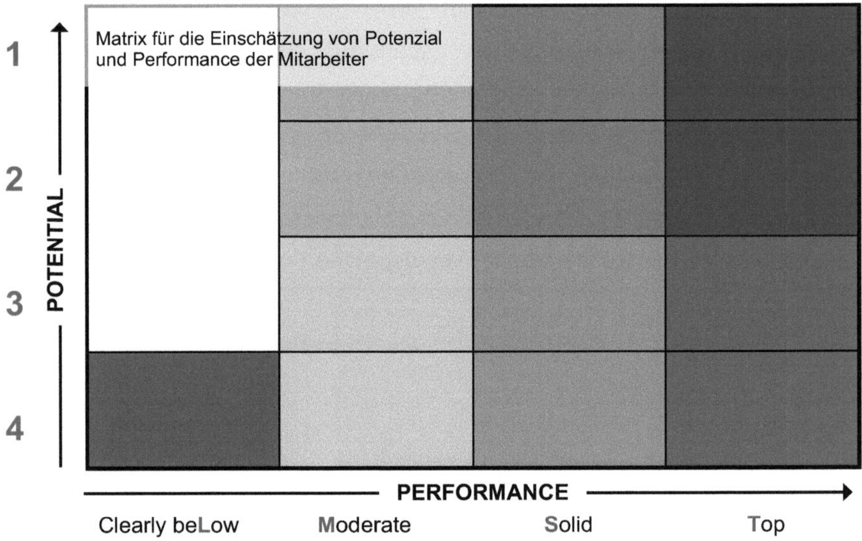

Im DRT wird jeder Mitarbeiter in die Matrix, Management Review Grid genannt, eingestuft. Stärken und Schwäche werden herausgefiltert.

Der Mitarbeiter erhält im Rahmen des nachgelagerten Management Competencies Assessment (MCA) das Feedback zu dem in diesem Development Round Table ermittelten Potenzial.

Das Software-Modul eMCA unterstützt diesen Teilprozess elektronisch.

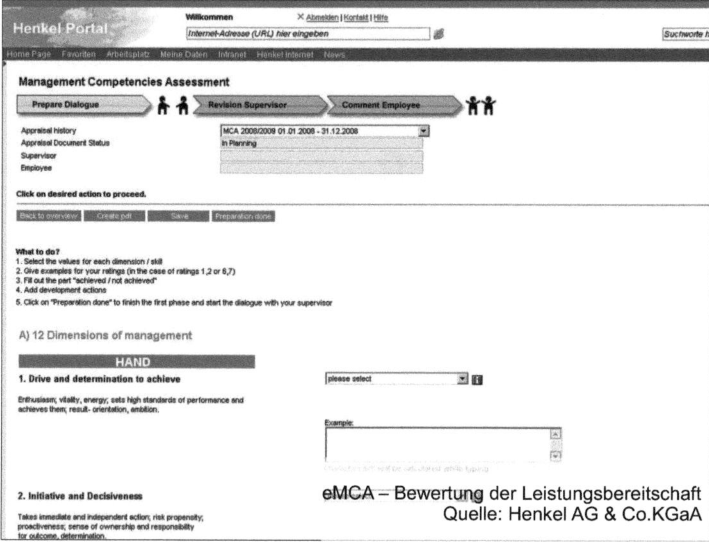

eMCA – Bewertung der Leistungsbereitschaft
Quelle: Henkel AG & Co.KGaA

Der MCA ist Basis für die individuelle Entwicklungsplanung.

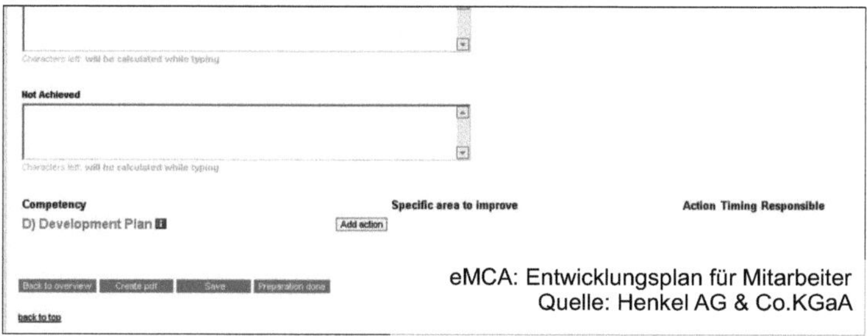

eMCA: Entwicklungsplan für Mitarbeiter
Quelle: Henkel AG & Co.KGaA

Mit der Einführung von HCM-Software verändern sich auch organisatorische Abläufe. Seit bei Henkel für Führungskräfte die Nutzung der HCM-Software Standard geworden ist, gehört deren Nutzung zu den Aufgaben eines jeden Managers.

Um Manager mit der Software vertraut zu machen gab es umfangreiche Einführungs-, Schulungs- und Motivationsmaßnahmen. In Zusammenarbeit mit dem GCC wurden zusätzlich E-Learning Nuggets entwickelt, die Verantwortliche „just in time", also genau zum Zeitpunkt des Bedarfs, zusätzlich unterstützen.

EIN MASCHINENBAUER

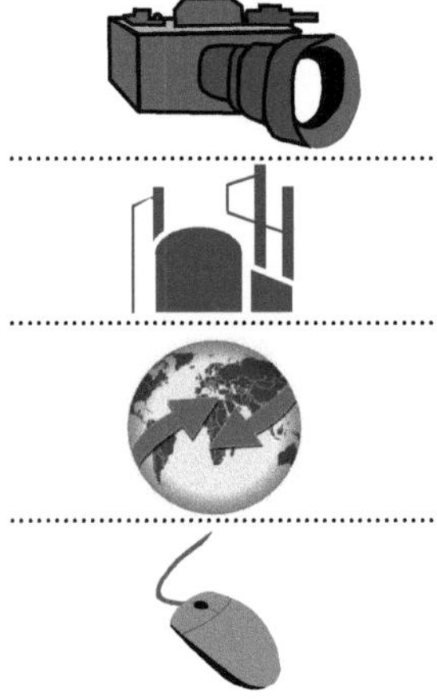

Neuer Mitspieler – Das Reich der Mitte

Business und Präsenz der SMS group

Gießen und Walzen

Supply Chain

Outsourcing

Rechnerunterstütztes Engineering

Simulation und Visualisieren

Neuer Mitspieler – Das Reich der Mitte

Wir sind mit der Eisenbahn unterwegs in China, von dem es heißt, es sei immer noch ein Schwellenland. Immerhin schaffte es dieses Land an der Schwelle in Zeiten beginnender Rezession und schwelender Finanzkrise, ein 460 Milliarden Euro schweres Konjunkturpaket aufzulegen. Damit investieren die Chinesen zwei Prozent ihres Inlandproduktes in Straßen, Bahnen und Wirtschaftshilfe für den aufkommenden Mittelstand. In dieser Größenordnung gab es das noch nie in der globalen Wirtschaftsgeschichte. Auch nicht, dass ein Staat über eine Währungsreserve von nahezu zwei Billionen US Dollar verfügt. Es wird nicht mehr lange dauern, bis China den amtierenden Exportweltmeister Deutschland von seinem Platz verdrängt, und auch die Vereinigten Staaten von Amerika werden lernen müssen, das wieder auferstandene Reich der Mitte als ernstzunehmenden globalen Mitspieler zu begreifen.

Der Zug rollt durch die viertgrößte Volkswirtschaft der Welt, die seit der Jahrtausendwende soviel Wachstum erzeugt hat wie Russland, Indien und Brasilien zusammen. Der Zug rollt aber auch über ein Land geographischer Extreme. Hier gibt es die höchsten Gebirge der Welt, in denen die größten asiatischen Ströme entspringen. Die Wüsten Gobi und Takla Makan dehnen sich aus neben fruchtbarem Kulturland. Ein gewaltiges Erdbeben um Chengdu forderte unvorstellbare 69.000 Menschenleben, 313.000 Verletzte und machte 5,8 Millionen Menschen obdachlos. Das bevölkerungsreichste Land der Welt zählt 1,3 Milliarden Einwohner.

Wir starteten unsere Erkundungsfahrt durch das Reich der Mitte vom Dach der Welt. Der 8848 Meter hohe Mount Everest, auf dem im Mai 2008 neben der chinesischen Flagge das olympische Feuer brannte, ist nur ein paar Tagereisen entfernt. Xizang nennen die Chinesen die Provinz Tibet, in der immer wieder Unruhen aufflammen.

Über ihren Autonomiestatus wird gestritten, und das seit dem Einmarsch der Volksbefreiungsarmee 1959 und der Flucht des geistlichen und weltlichen Oberhauptes ins indische Exil. Der in aller Welt geschätzte 14. Dalai Lama konnte nicht verhindern, dass die Zentralregierung in Peking mit ihrer restriktiven Siedlungspolitik die Tibeter zur Minderheit im eigenen Land gemacht hat.

Lhasa auf 3.600m Höhe – Hauptstadt der Autonomen Provinz Tibet

Der Potala-Palast in Lhasa

Ähnlich ist es den muslimischen Uiguren und Kasachen der autonomen Provinz Xinjiang ergangen. Auch die buddhistischen Nachfahren Dschingis Khans in der Region „Innere Mongolei", die ebenfalls Sonderstatus genießt, erleben, dass die zugewanderten Han-Chinesen ihre Kultur mit der Zeit erwürgen.

Außerhalb von Lhasa, der Hauptstadt Tibets, befindet sich das imposante Gebäude, das mehr einer Abfertigungshalle eines Flughafens ähnelt als der Endstation der Bahn. Studenten steigen aus, Beamte, Arbeiter und immer mehr Touristen.

Bahnhof Lhasa

In nur fünfjähriger Bauzeit wurde die Trasse zwischen Lhasa und Golmud fertiggestellt, ein Bauwerk der Superlative, ein Symbol für die unvergleichliche Aufbruchstimmung, diese „Geht-nicht-gibt's-nicht-Mentalität", die derzeit im Reich der Mitte herrscht.

In einem Atemzug werden die 1.200 Bahnkilometer häufig mit der Chinesischen Mauer und dem Drei-Schluchten-Staudamm am Jangtsekiang genannt.

Die Chinesische Mauer

Chinas Präsident Hu Jintao sprach von einem „Wunder der weltweiten Eisenbahngeschichte". In einer Höhe von mehr als 4000 Meter über Dauerfrostboden und unendlich weiten Ebenen der nur dünn besiedelten Wüsten- und Steppenlandschaft des tibetischen Hochlandes führen die Schienenstränge auf schottrigem Gleisbett oder, wo Wasserläufe die Trasse kreuzen, über kühne Pfeiler- und Brückenkonstruktionen. Zwei mächtige, dem Himalaya nördlich vorgelagerte Gebirgszüge sind zu überwinden: Das Tanggula Shan in der Nähe der Mekongquellen, wo der Zug die Gipfelhöhe von 5072 Meter erreicht, und das Kunlungebirge, in dessen östlichen Ausläufern sich die Quellgebiete des Jangtsekiang und Gelben Flusses befinden.

Damit keinem der Fahrgäste, die in der Regel aus den Niederungen kommen, die Luft wegbleibt, strömt künstlicher Sauerstoff in die Waggons von Bombardier aus dem Osten unserer Republik. Zusammengedrängt auf engen Bänken sitzen die Reisenden mit kleinem Geldbeutel. Die Schlafwagen der ersten Klasse dagegen bieten einigen Komfort.

Von Lhasa nach Peking: Bahnfahrt mit Komfort und Sauerstoff

Hinter den hohen Bergen nach dem riesigen Qinghai-Plateau mit dem salzigen Koko-Nor-See, der allein größer ist als Mallorca, zwischen den aufstrebenden Millionenstädten Xining, Lanzhou und weiter östlich davon beginnen die Kornkammern der Volksrepublik. Unzählige Bauern bewirtschaften in mühevoller Handarbeit die kunstvoll angelegten Terrassen. In Xian, das einmal das Zentrum der chinesischen Welt war, bewachen seit dem dritten Jahrhundert die 8000 teilweise überlebensgroßen Kriegerfiguren der Terrakotta-Armee Qin Shi Huang Di, den ersten Kaiser Chinas.

Der „Himmelszug“, wie er auch genannt wird, kurvt durch enge, felsige Schluchten, überquert tiefe Gräben und von Lehm gefärbte gelbe Flüsse. Ursprüngliche Natur und bis in kleinste Winkel genutzte Kulturlandschaft, Tunnel und gigantische Brücken wechseln einander ab. Die Bahntrasse wird zum Kunstwerk.

Blick aus dem Zugfenster

Blick aus dem Zugfenster

Im Morgengrauen nach 48 Stunden Fahrt über eine Strecke von ungefähr 4.000 Kilometern rollt der Zug auf die Minute genau im menschenüberfluteten Bahnhof Peking ein. Krasses Aufeinerprallen von Tradition und Moderne macht sie aus, die emsige 14-Millionenmetropole.

Peking - Eingang der verbotenen Stadt

Hier stehen die prächtigen Paläste, Altäre, und Gräber der „Söhne des Himmels", da ist der geschichtsträchtige Platz des Himmlischen Friedens, wo der hochverehrte und grausame Mao Tsetung seine Triumphe feierte und auf dem 1989 die Studentenbewegung ihr blutiges Ende fand, da sind die verwinkelten Hutongs, diese einfachen Behausungen der kleinen Leute, da wurden achtspurige Stadtautobahnen neben Hochhäusern und gläsernen Büropalästen errichtet.

Peking: Himmelsaltar

Beijing ist die Schaltzentrale für das Milliardenvolk, das schon heute zu den Siegern der Globalisierung zählt. Nach vielen Jahren Krieg, Verarmung, Revolution und Isolation setzt das Reich der Mitte an zu einem weiteren mächtigen „Sprung nach vorn". Der erste unter dem „Großen Steuermann" endete in einem wirtschaftlichen Desaster und kostete Millionen Menschen das Leben, der zweite, alles spricht dafür, scheint eine Erfolgsgeschichte ohnegleichen zu werden.

Sommerpalast der Kaiserinwitwe Cixi

Hutong in Peking

Im Jahr 1976 stirbt Mao Tsetung. Seit 1949 hat der einst bejubelte kommunistische Partisanenkämpfer und Gründer der Volksrepublik mit eiserner Hand regiert und mit seiner Großen Proletarischen Kulturrevolution China an den Rand des Ruins geführt. Die vorsichtige diplomatische Öffnung nach langer Isolation zu den kapitalistischen Staaten vollbringt der „Große Führer“ noch selbst. Aber erst seinem Nachfolger Deng Xiaoping gelingt es, die Voraussetzungen durchzusetzen, die den wirtschaftlichen Höhenflug ermöglichten. Unantastbar blieb das Machtmonopol der Kommunistischen Einheitspartei, aber bald zeigten die wirtschaftlichen Reformen von Deng Xiaping positive Wirkung. Die Rücknahme der Kollektivierung der Landwirtschaft steigerte deren Erträge, die Einrichtung von Sonderwirtschaftszonen brachten Kapital und technischen Know-how ins Land, die schrittweise, kontrollierte Zulassung der Markwirtschaft förderte kontinuierlich den Wohlstand, verschärfte allerdings auch die Probleme, die im Gefolge von Landflucht Urbanisierung und Wohlstandsgefälle zwangsläufig auftauchen. Es gibt inzwischen mehr als hundert Millionenstädte. Für das wieder auferstandene Reich der Mitte bedeutet es eine ungeheure Herausforderung, diese Gemeinwesen funktionsfähig zu halten.

Studieren im Hutong

Bis dato haben sich die Erwartungen, die man an die „Sozialistische Marktwirtschaft“ geknüpft hat, erfüllt. Die Rechnung ist aufgegangen, die praktizierte Mischung aus Planwirtschaft und Marktwirtschaft hat sich bewährt. Diejenigen, die allzu lautstark Kritik üben an Chinas Innen- und Außenpolitik, die System-, Menschenrechts- und Umweltfragen in den Vordergrund rücken, mögen bedenken, welcher Anstrengungen es schon hierzulande bedarf, bei nur 82 Millionen Einwohnern und einem vergleichsweise geringen Ausländeranteil für Ruhe und Ordnung zu sorgen. In China leben 1.300 Millionen Menschen, die satt werden wollen. Die meisten davon sind Han-Chinesen. Aber man hat es auch mit 56 nationalen Minderheiten zu tun, mit 100 Millionen Buddhisten, 20 Millionen Muslimen und 29 Millionen Christen, die ihre Rechte einfordern. In China zu Beginn des 21. Jahrhunderts herrschen Dynamik und Aufbruchstimmung.

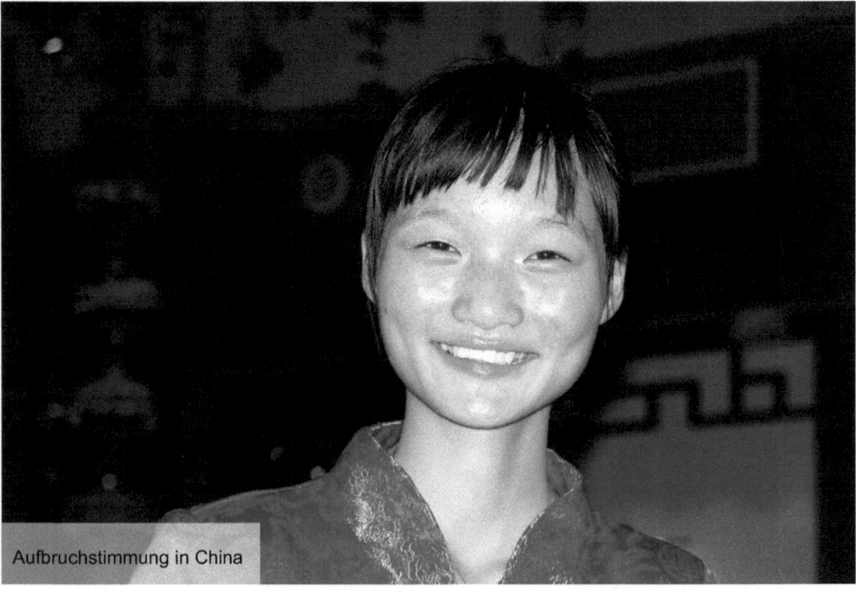

Aufbruchstimmung in China

Solange das wirtschaftliche Wachstum anhält und die Weltwirtschaft nicht ganz aus den Fugen gerät, wird kontinuierlich in moderne Technik investiert, und die Firma SMS Demag liefert weiter Anlagen nach China.

Business und Präsenz der SMS group

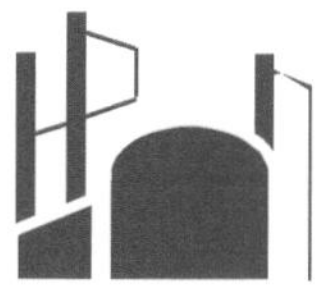

Die SMS group besteht unter dem Dach der Holding SMS GmbH aus einer Gruppe von international tätigen Unternehmen des Anlagen- und Maschinenbaus für die Verarbeitung von Stahl und NE-Metallen.[1]Unter dem Namen „SMS metallurgy" gliedert sich die Gruppe in die Unternehmensbereiche SMS Demag und SMS Meer. Diese entwickeln und produzieren:

- Stahlwerke und Stranggießanlagen zum Erschmelzen und Vergießen von weiter bearbeitbaren Metallen
- Warm- und Kaltwalzwerke zur Herstellung von Blechen, die ihren Einsatz in der Automobilproduktion finden
- Profilwalzwerke für Baustahlträger von Hochhäusern und Brücken[2]

Walzgerüst, Foto SMS group

[1] Nicht-Eisen
[2] Vgl. Absatzwirtschaft, 26.11.2008, S. 4 ff.

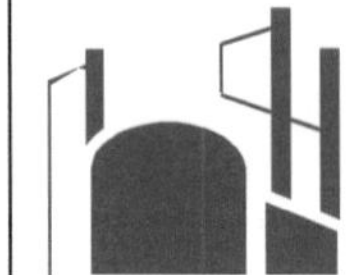

Warmwalzwerk für Aluminium, Foto SMS group

- Aluminiumanlagen zur Erschmelzung und Verarbeitung von Aluminium in der Automobil- und Luftfahrtindustrie
- Walzwerke zur Erstellung von Groß- und Spezialrohren für die Ölförderung
- Press- und Schmiedeanlagen für Massivumformung von Metallen und komplexen Bauteilen (Achsschenkel im Auto)
- Bandbehandlungsanlagen, die die Eigenschaften des Materials verändern oder es beschichten
- Elektrik- und Automationslösungen

In enger Abstimmung mit den Kunden werden die Anlagen in Deutschland konstruiert, entwickelt und gebaut, danach vormontiert und getestet, bevor man sie zu ihren künftigen Standorten transportiert. Sie dort zu installieren und in Betrieb zu nehmen, ist ebenfalls Aufgabe der SMS-Spezialisten.

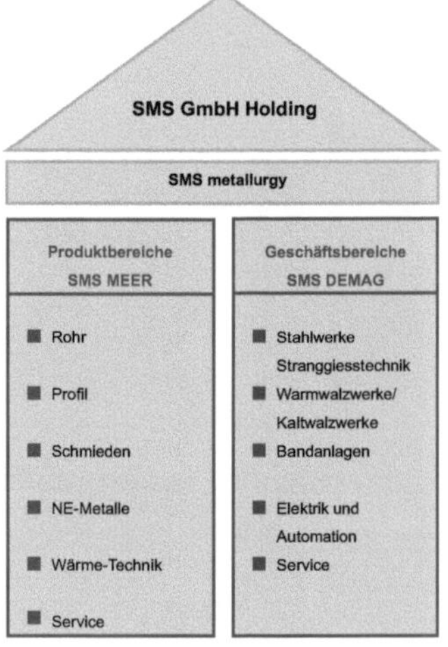

Die SMS group; Auszug aus dem Geschäftsbericht 2007

Die SMS group

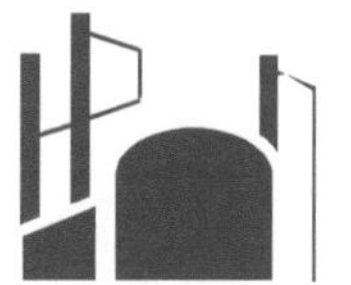

macht ihre Umsätze zu 90 Prozent im Ausland. China ist eindeutig der beste Kunde, sorgte doch die Volksrepublik für 48 Prozent der Auftragseingänge. Die Chinesen konnten ihre Rohstahlproduktion im Jahr 2007 um 16 Prozent auf nunmehr 489 Millionen Tonnen pro Jahr steigern. Umfangreicher Um- und Aufbau der Stahlindustrie in Russland brachte eine Auftragssteigerung um 59 Prozent im Vergleich zum Vorjahr. Indien, Malaysia, Brasilien und die USA kaufen Anlagen bei SMS. Nahezu eine Milliarde Euro hatte das Auftragsvolumen für eine Anlagenkette in Alabama.

Die Chancen der SMS group liegen in einem anhaltenden strukturellen Boom in den Stahlindustrien der Schwellenländer und in den Wachstumsregionen Asiens. Dieser Boom hat die bisherige Zyklizität der Stahlkonjunktur überlagert, da in den Schwellenländern seit Jahren große Mengen an Stahl zum Aufbau der volkswirtschaftlichen Infrastruktur benötigt werden. Sie verfügen zunehmend über Produktionsanlagen auf dem neuesten technischen Stand. Aufgrund der Notwendigkeit für nordamerikanische, japanische und europäische Stahlhersteller, international wettbewerbsfähig zu bleiben, rechnet die SMS group mit einer erhöhten Nachfrage nach Modernisierungs- und Erweiterungsinvestitionen in diesen Regionen. Eine weitere große Chance bietet der Um- und Aufbau der Stahlindustrie in Russland. Dort werden die bestehenden Anlagen modernisiert. Der Umsatzerlös[1] 2007 in Millionen Euro: Europa 1.203, Amerika 428, Asien 1.263.

Die SMS Meer GmbH

in Mönchengladbach und Witten hat ebenfalls Firmentöchter in Österreich, Italien und Russland, Amerika und Indien. „Meer“ profitierte vor allem von der hohen Nachfrage nach Öl- und Gaspipelines. Die verbreitete Produktpiraterie im Röhrenbau zwingt die Firma zu erhöhtem Innovationstempo. Zusammen mit Anlagen für Press- und Schmiedetechnik konnte die Firmengruppe Auftragseingänge im Wert von mehr als einer Milliarde Euro verbuchen. Die

[1] Geschäftsbericht 2007 S. 94

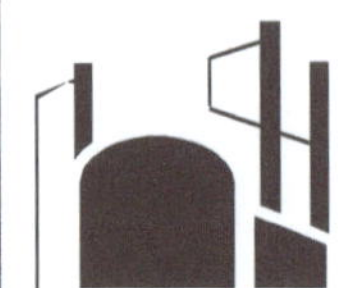

werden von 1.823 Mitarbeitern in Deutschland und in den ausländischen Tochterfirmen bearbeitet. Wachstumspotenzial wird im Nahen und Mittleren Osten gesehen. Die Firma bekennt sich ausdrücklich zum Standort Deutschland, beabsichtigt jedoch, das Netz seiner internationalen Servicestationen auszuweiten.

Präsenz der SMS group weltweit

Duisburg
Essen
Witten
Mülheim a. d. Ruhr
Mönchengladbach
Düsseldorf
Hilchenbach
Hilden
Netphen
Langenfeld
Remscheid
Aachen

SMS Demag
SMS Meer
Standorte Firmen SMS group

Die SMS Demag

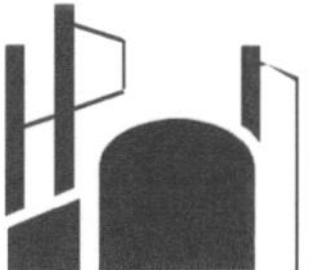

hat ihren Sitz in Düsseldorf, Hilchenbach und Hilden mit Tochterfirmen unter anderem in Österreich, der Schweiz, Belgien, USA, Indien und China. In Shanghai führt die SMS Demag Metallurgical Equipment beispielsweise Montage- und Reparaturaufgaben durch.

Mit einer Auftragssteigerung von 89 Prozent leistete die SMS Demag einen entscheidenden Beitrag zum wirtschaftlichen Erfolg der Firmengruppe im Jahr 2007. SMS Demag beschäftigt 5.501 Mitarbeiter. Im Ausland sind 1.970 beschäftigt, davon 489 in China und 310 in Indien. Aus vierzig Nationen besteht die Belegschaft. Die meisten Mitarbeiter sind mehr als zwanzig Jahre in der Firma. Das spricht für gutes Betriebsklima und viel Erfahrung.

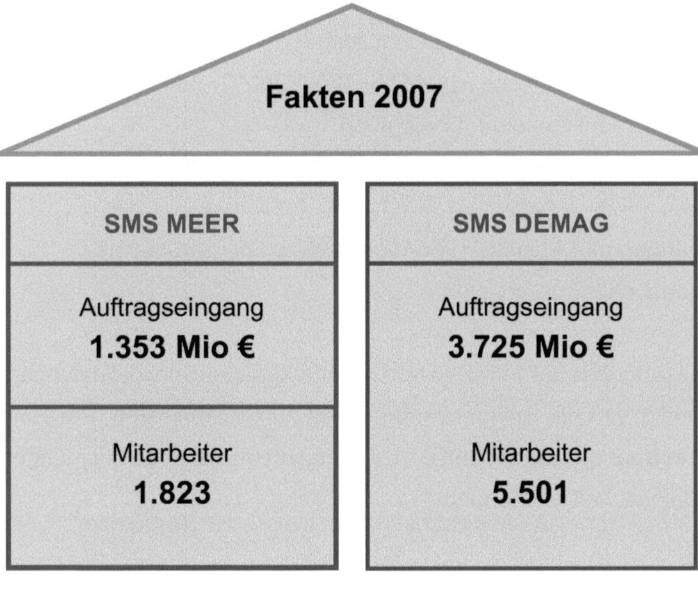

Abb.: Auftragseingang und Mitarbeiter, Geschäftsbericht 2007.

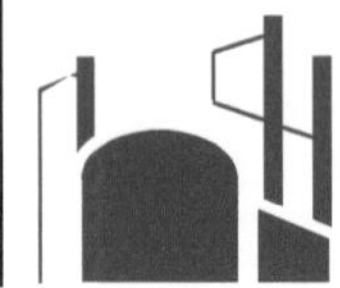

Gießen und Walzen

Vor 104 Jahren lieferte SMS Demag sein erstes Walzwerk nach China. Viel komplexer als noch vor einem Jahrhundert sind die Erzeugnisse im Maschinenbau geworden; und eine Firma wie SMS Demag fertigt auf Bestellung Einzelkomponenten und eben ganze schlüsselfertige Fertigungsketten, bestehend aus Mechanik, Elektrik und Automatisierung. Heute spricht man von „Systemanbieter“ und „Prozesskette“. SMS Demag baut Maschinen für Metallbearbeitung, zum

- Gießen: flüssiges Material (z.B. Stahl) wird in Formen (Kokillen) vergossen zu Brammen oder Blöcken
- Walzen: Umformverfahren, in dem das Walzgut durch in der Regel mehrere Walzenpaare läuft, die an einem Ständer (Walzgerüst) befestigt sind. Warmwalzen von Stahl geschieht bei 720-1.260°C. Beim Kaltwalzen erfolgt die Dickenreduktion ohne Erwärmung.
- Beizen: Voraussetzung, um Stahlbänder mit reinen, zunderfreien Oberflächen zu produzieren
- Glühen: Erwärmen und Abkühlen von Werkstoffen, um gewünschte Werkstoffeigenschaften zu erzielen.

Zu dem Komplettangebot der Firma gehören umfangreiche Serviceleistungen. Die sind notwendig, um die Anlagenverfügbarkeit zu gewährleisten. Für Kaltwalzwerke sind in Shanghai und in den GUS-Staaten neue Serviceeinrichtungen mit deutscher Belegschaft entstanden.

Stahlwerke und Stranggießanlagen

Steigender Stahlbedarf der Schwellenländer Indien und China treibt die Nachfrage nach Stahlwerken nach oben. Neue Aufträge kamen 2007 aus Indien, China und Russland; Inbetriebnahmen erfolgten u.a. in Russland, Brasilien, Indien und der Türkei. Der zunehmende Wohlstand in den Schwellenländern führte zu einem großen Wachstum der Automobilindustrie.

Das kam den Stahlproduzenten zugute und die verwenden Stranggießanlagen, auf deren Fertigung sich SMS Demag spezialisiert hat.

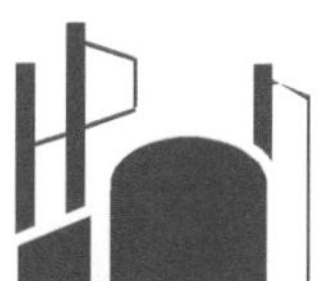

Konverter in einem Stahlwerk, Foto SMS group

Knüppelstranggießanlage, Foto SMS group

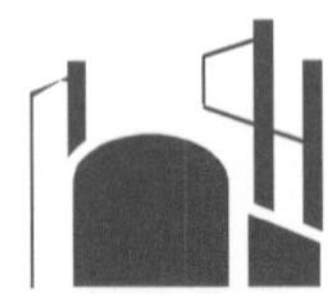

Seit dem Jahr 2000 hat die SMS Demag Aufträge von über 50 solcher Stranggießanlagen erhalten. Die Kunden kommen überwiegend aus den Schwellenländern; die klassischen Industrieländer sehen sich jedoch gezwungen, Modernisierungsinvestitionen anzustoßen, um konkurrenzfähig zu bleiben.

Brammendrehtisch einer Stranggießanlage, Foto SMS group

Neben Bau- und Qualitätsstahl stieg die Nachfrage nach Aluminium; dementsprechend hoch ist der Bedarf an entsprechenden Verarbeitungsanlagen. Die meisten Bestellungen erhielt SMS Demag 2007 aus China. Unter anderem bestellte der chinesische Marktführer für Aluminium-Flachwalzprodukte, Chinalco Ruimin, eine Anlage, die Folien-, Vor- und Fertigmaterial produziert. Die belgische Aleris beauftragte SMS Demag mit dem Bau eines großen Warmwalzwerkes zur Herstellung von Aluminiumplatten für die Luft und Raumfahrtindustrie.

Glühen und Beizen

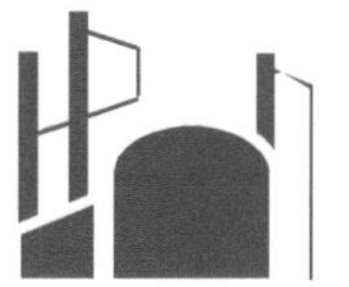

Für die Weiterverarbeitung von Kohlenstoffstählen zur Herstellung von Sonderedelstählen mit besonderen Legierungen benötigt man Bandanlagen, die Beiz- und Feuerverzinkungsanlagen miteinander kombinieren. 2007 konnte die SMS Demag in diesem Produktsegment ein überdurchschnittlich hohes Wachstum verzeichnen.

Bandanlage, Foto SMS group

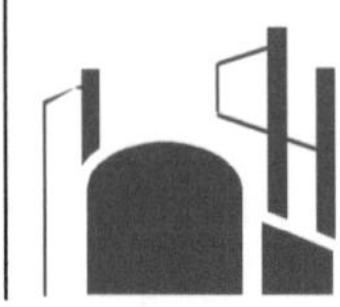

Walzen

Der Geschäftsbereich Warmwalzwerke/Kaltwalzwerke steigert kontinuierlich Auftragseingang und Umsatz, sowohl in den klassischen Industrieländern als auch in den Wachstumsregionen der Welt. Vor der Automobilkrise hatte ThyssenKrupp Steel einen kompletten Warmwalzwerkskomplex in Auftrag gegeben. 5,4 Mio. Tonnen hochfester Stahl sollen pro Jahr in dieser Anlage produziert werden.

Grobblechwalzwerk

Ein Auftrag, der zur den größten der Unternehmensgeschichte zählt, kommt vom russischen Stahlhersteller MMK. Der hat eine Stranggießanlage und ein Walzwerk zur Herstellung von Grobblechen bestellt. Im südlichen Ural sollen aus diesen Blechen Pipelines für Öl und Gas entstehen.

SMS Demag hat sich auf dem Gebiet Walztechnik einen technischen Vorsprung erarbeitet. Patentierte Verfahren im Walzenschliff und die axiale Verschiebung der Arbeitswalzen sorgen für große Produktpräzision. Man kann unterschiedlich

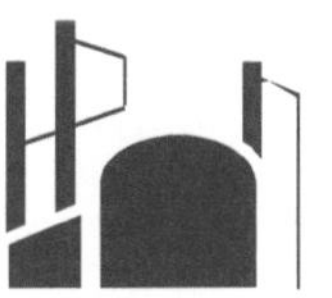

breite und dicke Bänder aus Stahl walzen, ohne die Walzen wechseln zu müssen. Auf Arbeits- und Stützwalzen sind „Schliffe“ angebracht, die für gleichmäßigere Lastverteilung sorgen und die Aushärtung reduzieren. Die Produktion wird effizienter, weil es gelang, die Haltbarkeit der Stützwalzen zu vergrößern.

Bei der Modernisierung bestehender Anlagen geht es darum, Produktionsausfälle so gering wie möglich zu halten. Parallel zur Bauphase beim Kunden werden deshalb die wesentlichen Bauteile bei SMS Demag in Hilchenbach (Siegerland) vormontiert und getestet.

Neuerungen auch im Kaltwalzbereich: Das „18-Rollen-Gerüst“ hilft härtere Materialien noch dünner auszuwalzen. Hinzu kommt die kontinuierliche Verbesserung von Arbeits- und Produktionsabläufen.

Im September 2008 erhielt die SMS Demag einen Auftrag aus China über eine Kaltwalzanlage für Silizium, das Vormaterial für IT-Produkte.

Die Leistungen der Anlagen zu steigern, die Betriebskosten zu senken, ist das Ziel. SMS Demag arbeitet permanent an der Weiterentwicklung der eigenen Anlagentypen und -konzepte. Walzwerke als Tandemstraßen sind beispielsweise ab 400.000 t Jahreskapazität für den Kunden kostengünstiger als Edelstahlwalzung mit Reversieranlagen.

Umweltverträglichkeit von Industrieanlagen ist ein zunehmend wichtiges Kriterium bei Kaufentscheidungen. Die hohen Umweltanforderungen bei der Produktion von Stahl und NE-Metallen werden bei Anlagen von SMS Demag durch spezielle Filter und Energierückgewinnungssysteme realisiert.

Für die Produktion von Kupferbändern von hoher Qualität liefert SMS Demag Kaltwalzwerke. Für die chinesische Chinalco Shanghai Copper übernimmt SMS Demag neben Planung, Konstruktion und Lieferung auch die Überwachung der Montage und Inbetriebnahme.

Die pakistanische International Industries Ltd. mit Hauptsitz in Karatschi will voraussichtlich Mitte 2010 die erste Kaltwalzanlage des Landes mit einer Jahreskapazität von 248.000 t betreiben – geplant, gebaut und geliefert von der SMS Demag.

Supply Chain

Eine präzise Definition des Begriffes Wertschöpfungskette – Synonyme sind „Lieferkette“ und „Supply Chain“ – lieferte 1998 in seinem wissenschaftlichen Beitrag „Logistics and Supply Chain Management“ M. Christopher. Darin heißt es: „Als Wertschöpfungskette wird das Netzwerk von Organisationen bezeichnet, die über vor- und nachgelagerte Verbindungen an den verschiedenen Prozessen und Vorgängen beteiligt sind, die aus Sicht des Endverbrauchers Werte in Form von Produkten und Dienstleistungen schaffen. Abzugrenzen ist der Begriff Wertschöpfungskette vom „Value Chain“, der Wertkette nach Michael E. Porter, die der Analyse eines Unternehmens und der Entwicklung seiner Strategie dient. „Wertschöpfung“ allein beschreibt die Differenz zwischen Ertrag und Vorleistung; von Wertschöpfung spricht man auch, wenn vorhandene Güter in solche mit höherem Wert transformiert werden.
Bei der im folgenden beschriebenen globalen Lieferkette „Global Supply Chain“ ist Endverbraucher ein Edelstahlproduzent in China.[1] Der Edelstahl wird vorrangig für die Automobil- und metallverarbeitende Industrie, aber auch für Gebäudeverkleidungen, Kochgeschirr, Waschmaschinen und Spülen benötigt; einen Teil exportiert die chinesische Firma in alle Welt, u.a. nach Deutschland. Das chinesische Unternehmen bestellte bei SMS Demag einen Kaltwalz-Komplex mit fünf Walzgerüsten, sogenannten 20-Rollern. SMS Demag trug als Konsortialführer die Verantwortung für die gesamte Lieferkette. Zum direkten Leistungsumfang von SMS Demag gehörten Konzept-Design, Lieferung von mechanischen Einrichtungen der gesamten Anlage, lokale Fertigungsüberwachung sowie die Überwachung der Montage und Inbetriebnahme einschließlich Koordinierung aller sogenannten konsortialen Lieferungen und Leistungen. Einbezogen waren ein Automationsspezialist in den USA, verantwortlich für die Elektrik, sowie Zwischenhändler, Hafenverwaltungen, Zollspediteure, Frachtagenten, Transportunternehmen u.v.a. in einer bis in die Feinheiten abgestimmten Kette, die mit dem Kick-Off-Meeting begann und mit der

[1] Details unter: http://www.sms-demag.com

Inbetriebnahme endete. Nach einer Bauzeit von sechzehn Monaten war das erste der fünf Walzwerke betriebsbereit; die Lieferkette war durchlaufen. Die dargestellte Supply Chain beschränkt sich aus Gründen der Übersichtlichkeit auf die zentralen Parameter.

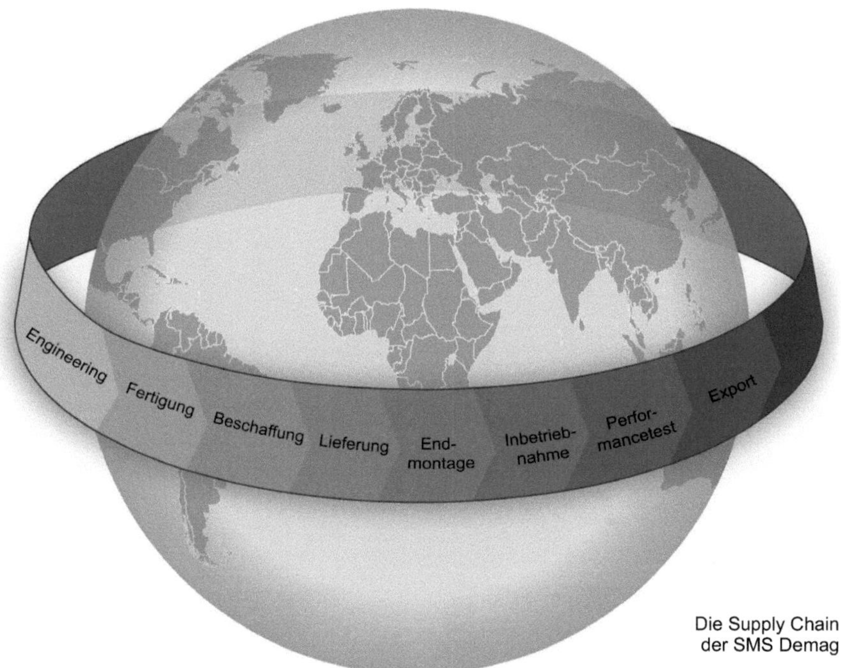

Die Supply Chain der SMS Demag

Engineering

In einem ersten Basic Design Liaison Meeting in Deutschland erläutert SMS Demag die von ihr ausgeführte Vorplanung, auch „Basic Engineering" genannt. Sie umfasst das technisch-wirtschaftliche Gesamtkonzept mit allen Leistungen und Kosten bis hin zu notwendigen Genehmigungen bei zuständigen Behörden. Das darauf folgende Detail Engineering führt, wie der Name sagt, detailliert alle Komponenten der Anlage auf. Teile des Detail Engineerings übernimmt der chinesische Kunde. Im einzelnen handelte es sich um Fundamente, Halle, Geländer, Papierwickler, Bühnen und Bundhubwagen, das sind Transportwagen für die Coils.

Die Ausführung der Fundamente, Gebäude, Wasserversorgung und Verkehrswege ist Sache der Chinesen.

Halle und Fundamente, Foto SMS Demag

Bundhubwagen für den Transport der Coils in der Halle, Foto SMS Demag

SMS Demag setzt vertraglich mit den Chinesen Liefer- und Leistungsabgrenzungen fest.

Walzmaterial "aufgecoilt" – Jedes Coil wiegt 28 -35 t, Foto SMS Demag

Es gibt Übergabepunkte, zu denen SMS Demag auf der einen und der chinesische Kunde auf der anderen Seite liefern; das gilt für das Engineering und die Sachlieferung. Reibungsloser Datenaustausch ist durch kompatible Software und ins Chinesische konvertierte Konstruktionsangaben und Standards gegeben.

Fertigung

30 bis 60 Prozent der Bauteile für das Kaltwalzwerk, die „Key Components“, fertigt die SMS Demag in ihren eigenen Werkstätten in Hilchenbach. Dazu gehören beispielsweise Walzgerüste, Reversierhaspel, Getriebe, Medienmodule sowie Ventilblöcke für Normal- und Servohydraulik.

Key Component „Walzgerüst“, Foto SMS Demag

Key Component "Reversierhaspel", Foto SMS Demag

Key Component „Medienbühne“: Schaltzentrale aller hydraulischen, pneumatischen und elektrischen Walzgerüstfunktionen, Foto SMS Demag

Den Gerüstuntersatz sowie Ein- und Auslaufkomponenten liefern Firmen aus ganz Europa.

Gefertigt von einer europäischen Firma – Der Gerüstuntersatz, Foto SMS Demag

Beschaffung

Ein Walzwerk besteht aus 8.000-10.000 Einzelteilen. Die bezieht SMS Demag, soweit nicht selbst hergestellt, von Herstellern und Lieferanten aus der ganzen Welt. Gelenkwellen, Lager, Hydraulikkomponenten, Kupplungen und Antriebswellen kauft die Firma beispielsweise in Europa, Asien und Amerika.

Im Werk in Hilchenbach erfolgt eine umfangreiche Montage mit anschließendem Funktionstest der Anlage, bevor sie für die Verschiffung nach China in Versandeinheiten demontiert wird.

Kupplungen von Fremdanbietern,

Lieferung

Vormontierte Komponenten verlassen Hilchenbach in Richtung Nordseehafen. Free on Board (FOB) heißt die seemäßige Verpackung dieser Bauteile. Die Standardformate von Schiffs-Containern bestimmen – soweit möglich – die Größe der verpackten Teile; dies reduziert die Transportkosten. Der Transport auf den Schiffen meist koreanischer oder chinesischer Reeder dauert in der Regel einen Monat.

Ein 120 Tonnen-Gerüst auf dem Weg Richtung Hafen, Foto SMS Demag

Zwölf Monate nach Auftragseingang bei der SMS Demag kam das 20-Rollen-Gerüst auf die Baustelle nach China. Die Lieferung der übrigen vier Gerüste und Anlagenteile erfolgte im Sechswochentakt.

Endmontage

Die Montage aller Komponenten zur Gesamtanlage dauerte weniger als fünf Monate. Der Oberbauleiter der SMS Demag und die Fachbauleiter für Mechanik und „Medien“ aus Deutschland überwachen die Montagearbeiten, die chinesische Firmen durchführen. Der amerikanische Automationsspezialist stellt die Bauleiter für die Überwachung der Elektroinstallation.

Endmontage in China, Foto SMS Demag

Inbetriebnahme

Der Inbetriebnahmeleiter ist für den Prozess der Inbetriebnahme zusammen mit den Inbetriebnahme-Ingenieuren aus verschiedenen Nationen zuständig. Für die Elektrik schickt der Automationsspezialist zusätzlich ein Team von Elektro-Ingenieuren nach China. Bei Bedarf kommen zur weiteren Unterstützung der Projektleiter, Konstrukteure und Experten für Walztechnologie aus Deutschland auf die Baustelle. Als in Betrieb genommen gilt das Edelstahlwalzwerk, wenn das erste Coil erfolgreich gewalzt ist. Darauf folgt eine dreimonatige Optimierungsphase.

Performance Test

Der Optimierungsphase schließen sich der Anlagentest und der Garantienachweis an: Bänder mit definierter Einlaufdicke können erfolgreich und fehlerfrei gewalzt werden. Mit Überreichung des Final Acceptance Certificate (FAC) ist der Auftrag endgültig abgeschlossen, die Anlage wird offiziell an den Kunden übergeben.

Edelstahlexport von China nach Deutschland

Mittlerweile arbeitet der chinesische Edelstahlproduzent mit dem Walzwerk von SMS Demag, beliefert seine Kunden in China und exportiert Edelstahl in die ganze Welt – auch nach Deutschland.

Chinesische Edelstahllieferung in die ganze Welt, SMS Demag

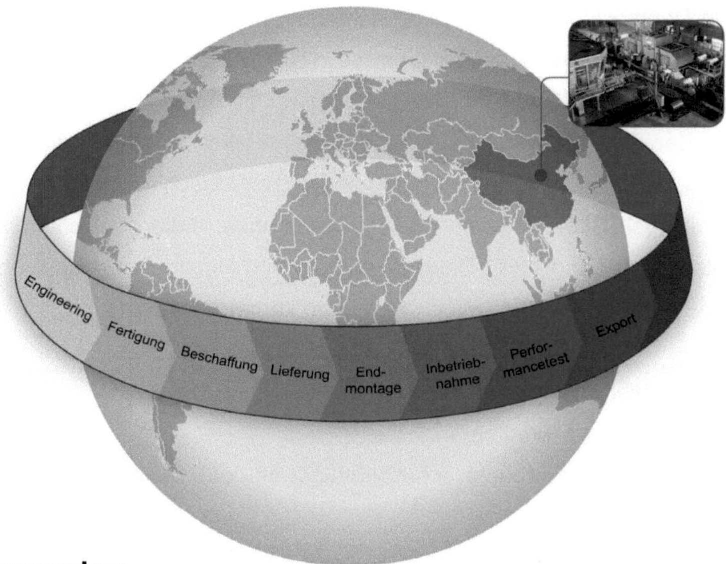

Outsourcing

ist eine Wortkombination aus outside und resource. Nach Stahlknecht und Hasenkamp[1] „versteht man unter Outsourcing ganz allgemein die Vergabe ursprünglich selbst wahrgenommener Aufgaben eines Unternehmens an andere Unternehmen, unabhängig davon, ob diese Aktivitäten primär der Wertschöpfung dienen oder nicht".

Wesentliche Gründe für die Auslagerung von Produktion und Dienstleistungen oder Teilen davon sind

- Entlastung des eigenen Betriebes
- Konzentrationsmöglichkeit auf das eigene Kerngeschäft
- Einsparung von Kosten

1 Stahlknecht, P., Hasenkamp, U. (2005): S.451
2 ebenda

Outsourcing verlagert also Arbeiten und Dienstleistungen dorthin, wo sie entweder billiger oder bei gleichem Preis in höherer Qualität zu haben sind. In Indien und China verdienen die Ingenieure und IT- Entwickler deutlich weniger als die in Deutschland. Seit es Glasfaserkabel und Satellitenübertragung gibt, ist die Übermittlung ihrer Arbeitsergebnisse in Bruchteilen von Sekunden zu fast vernachlässigbaren Kosten möglich geworden. Das Auslagern hat eine lange Tradition. Bereits in den 1960er Jahren ließ das metallverarbeitende Gewerbe in Japan fertigen. Zwischen 1980 und 90 verlegte der Maschinenbau Teile seiner Produktion nach Süd-Ost-Asien oder Lateinamerika. Indien vor allem wurde zum Outsourcing-Land für IT-Dienstleistungen und Rechnungswesen. Schnell lernte man auch die Nachteile von Outsouring kennen. Das sind u.a.

- Erhöhte Fehleranfälligkeit
- Abhängigkeit von Fremdfirmen
- Die Gefahr des Missbrauchs schutzwürdiger betrieblicher Daten durch Fremde[2]

Das Outsourcen von Tätigkeiten eines Betriebes, der aber immer noch die Standards festlegt und unter Kontrolle behält, kann alle Teile der Wertschöpfungskette betreffen. In der im letzten Kapitel beschriebenen Wertschöpfungskette, in der unter der Regie von SMS Demag ein Edelstahlwalzwerk in China entstanden ist, können letztlich alle beteiligten Firmen Outsourcing praktizieren. Wird der Prozess der Auslagerung aus welchen Gründen auch immer rückgängig gemacht, spricht man von Resourcing.
Ausgenommen von Outsourcing bleiben die Kernkompetenzen des auslagernden Betriebes; eine Vergabe dieser sogenannten „Key Competencies“ hieße eigenes Know- how und Alleinstellungsmerkmale dem Outsourcing-Nehmer preisgeben.

Rechnerunterstütztes Engineering

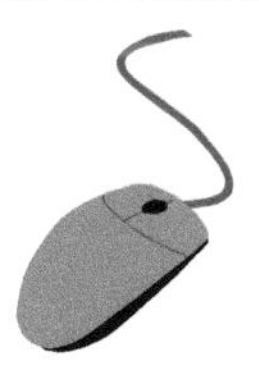

Für Projektierung, Entwicklung und Konstruktion seiner Anlagen, Bauteile und Baugruppen setzt SMS Demag CAD-Software ein. Anwendung finden die Systeme

- AutoCAD Mechanical
- Pro/ENGINEER (ProE)
- Autodesk Inventor

Alle drei Programme eigenen sich für zwei und dreidimensionale Darstellungen. Das zweidimensionale Computer Aided Design, CAD, verknüpft Vektoren, Punkte, Linien, Kurven und Flächen mit mathematischen Funktionen. Im Ergebnis erhält man eine am Computer erstellte technische Zeichnung mit Bemaßung und gewünschten Berechnungen.

Dreidimensionales CAD bildet Volumenmodelle ab, ermöglicht Bewegungen darzustellen und liefert entsprechende Maßangaben und Berechnungen.

Die Konstruktionsmethodik kann wechseln: Entweder vom Detail zur Gesamtanlage oder von der Anlagenplanung zum Detail. Üblicherweise arbeitet man mit Modulen, die, zusammengefügt oder zuweilen ergänzt, einen virtuellen Prototyp ergeben. Daran lassen sich Berechnungen, Tests und Simulationen durchführen. Die technische Basis bilden objektorientierte Datenbanken. Oftmals sind für spezielle Planungsaufgaben unterschiedliche CAD-Systeme eingesetzt; das erschwert allerdings Daten auszutauschen.

CAD-Konstruktionen enthalten die nötigen Angaben für die Fertigung, deshalb lassen sich mit CAD-Daten die modernen CNC-Maschinen[1] steuern.

Ebenfalls ist es möglich, die CAD-Software mit spezieller Simulationssoftware zu koppeln, wovon SMS Demag vor der endgültigen Montage von Anlagen Gebrauch macht.[2]

---

[1] Computerized Numerical Control, „computerisierte numerische Steuerung“, ist eine Methode zur elektronischen Steuerung von Werkzeugmaschinen.

[2] “Plug and Work-Konzept” SMS Demag

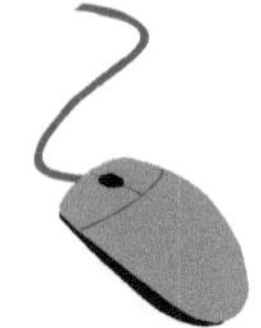

Die Einführung von CAD in Betrieben hat die Standardisierung forciert und die Rationalisierung vorangetrieben; CAD ist damit eine wichtige Maßnahme zur Kostensenkung. Die CAD-Systeme für Projektierung und Konstruktion führten allein für Erstellung der Zeichnungen zu einer Zeitersparnis von 85 Prozent. Dauerte eine Zeichnungsänderung am Reißbrett bis zu einer Stunde, ist die gleiche Arbeit am Computer in fünf bis zwanzig Sekunden zu erledigen. Weitere Vorteile: Das Zeichnungsarchiv entfällt. Früher lagerten 150.000 Transparentzeichnungen in Schränken, heute sind digital 700.000 CAD-Zeichnungen gespeichert.

Die Vernetzung von CAD mit SAP schafft die Möglichkeit, die Konstruktion mit der Stücklistenverwaltung, der Beschaffung, dem Wareneingang, dem Lager, der Fertigung, dem Versand und der Rechnungserstellung zu verzahnen.

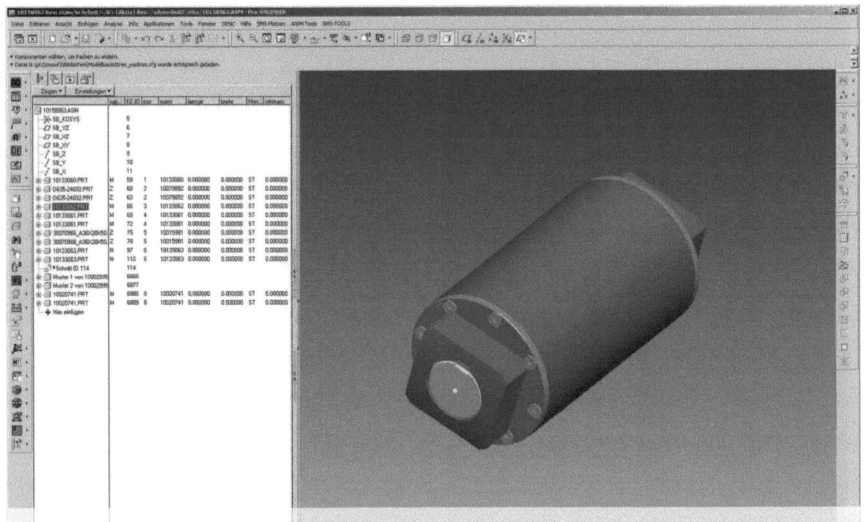

CAD und SAP: Die Technikangaben der Stützrolle für den Elektroden-Tragarm wandern ohne Medienbruch als Bestellvorgang in die Stückliste, Grafik SMS Demag

Nachfolgend stark schematisiert die Erstellung eines Walzwerk-Volumenmodells mit der CAD-Software „ProENGINEER“.

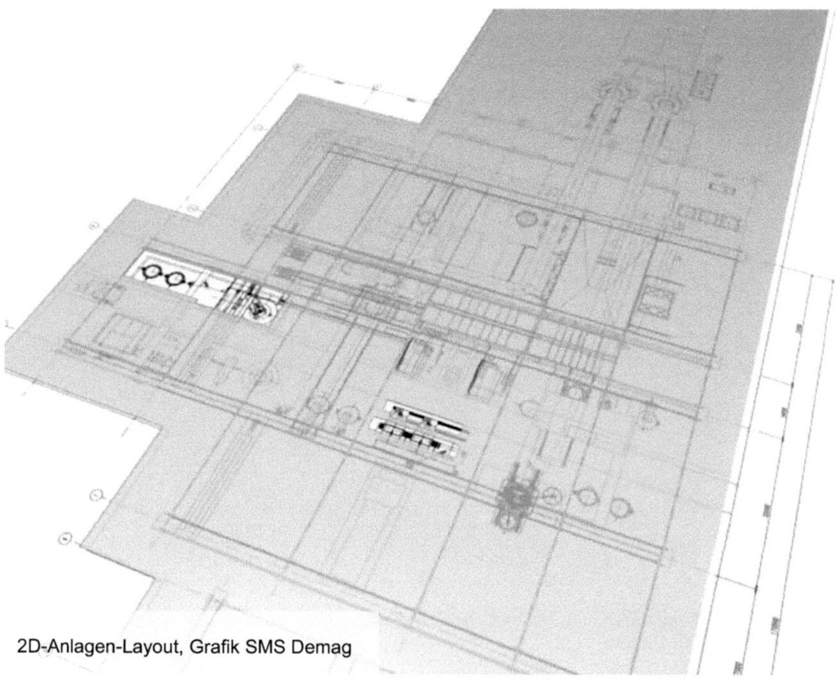

2D-Anlagen-Layout, Grafik SMS Demag

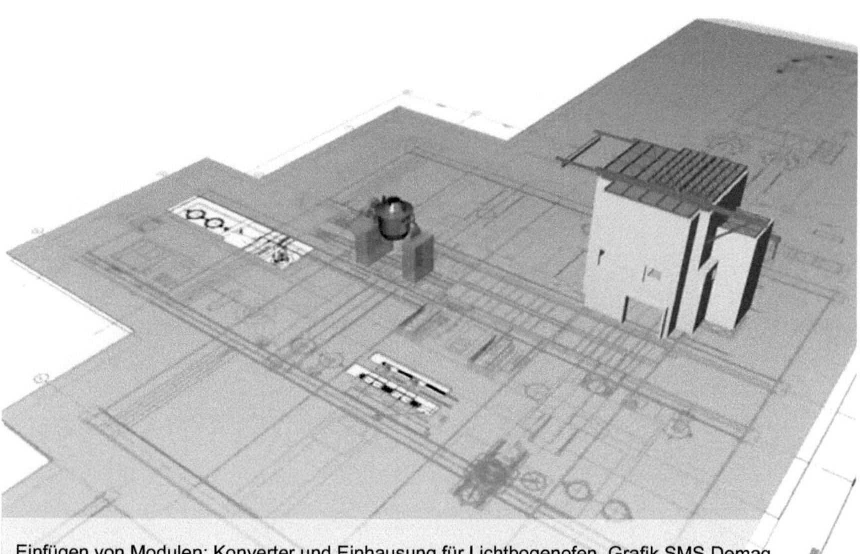

Einfügen von Modulen: Konverter und Einhausung für Lichtbogenofen, Grafik SMS Demag

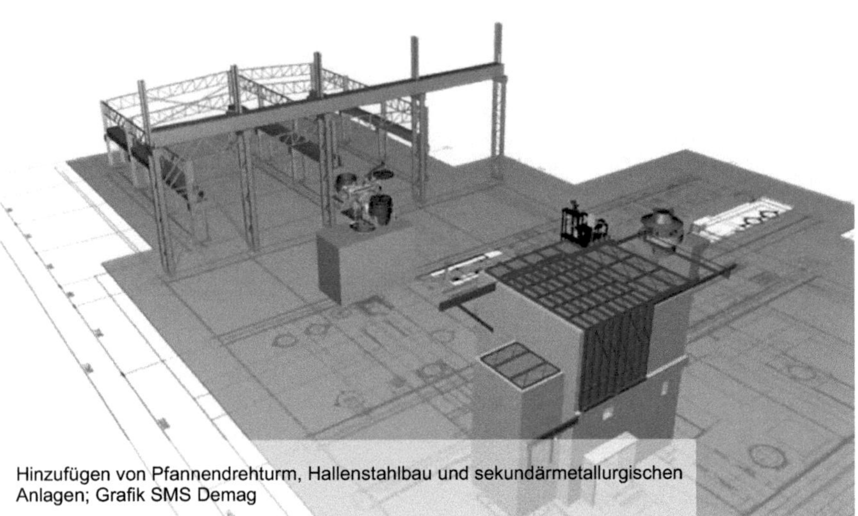

Hinzufügen von Pfannendrehturm, Hallenstahlbau und sekundärmetallurgischen Anlagen; Grafik SMS Demag

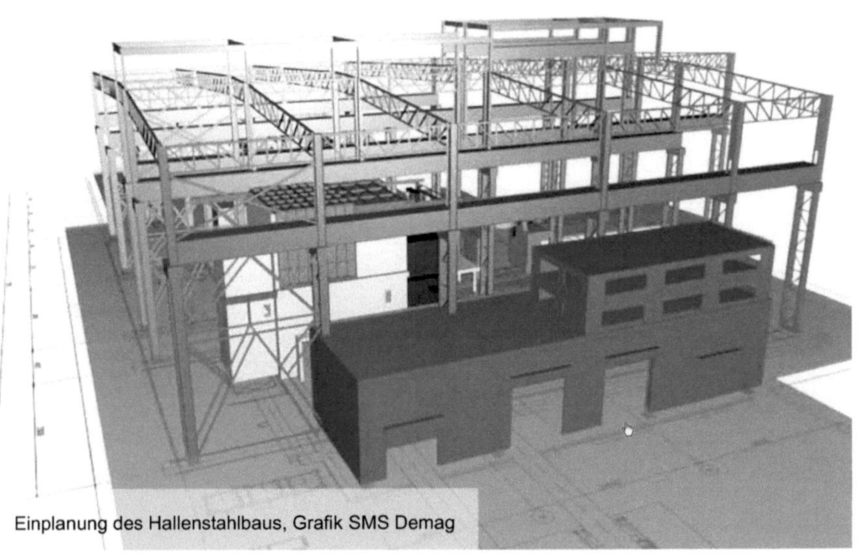

Einplanung des Hallenstahlbaus, Grafik SMS Demag

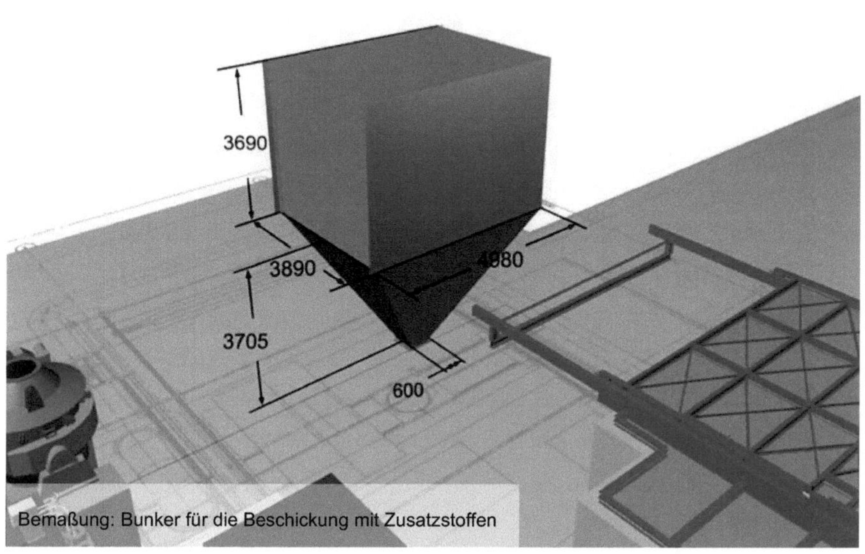

Bemaßung: Bunker für die Beschickung mit Zusatzstoffen

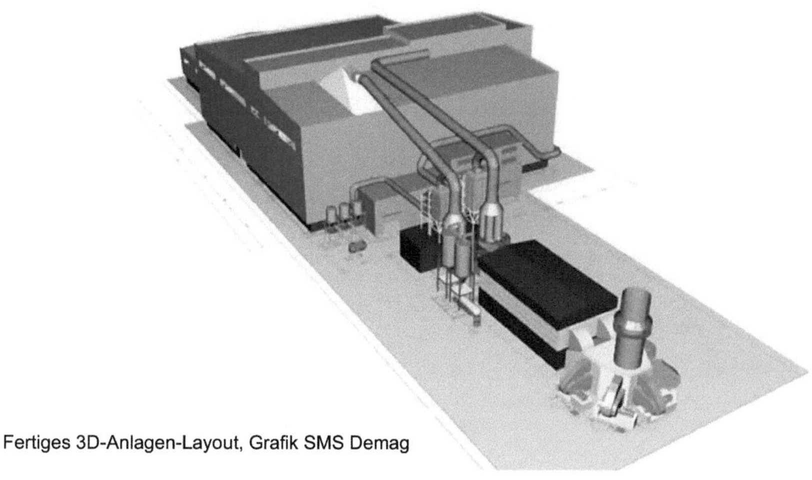

Fertiges 3D-Anlagen-Layout, Grafik SMS Demag

Simulation und Visualisieren

Simulation

Allgemein versteht man unter Simulation die Nachbildung einer Situation. Die VDI–Richtlinie 3633 definiert: „Simulation ist die Nachbildung eines Systems mit seinen dynamischen Prozessen in einem Modell, um zu Erkenntnissen zu gelangen, die auf die Wirklichkeit übertragbar sind." Der obligatorische Test der Komponenten einer Anlage, die von SMS im Verbund mit anderen Firmen produziert worden sind, findet in Hilchenbach statt. Noch vor Fertigstellung der Mechanik beginnt SMS Demag die Testreihen für Elektrik und Automation und startet die Bedienerschulung mit der Simulation; „Plug and Work" heißt das Konzept, bei dem die Original Steuerpulte, Rechner und Schaltschränke bei SMS Demag aufgebaut, vernetzt und „gegen einen projektbezogenen Simulationsrechner" gefahren werden. Der Simulationsrechner gibt Informationen an die Steuereinheiten der Anlage weiter, wie es in der Realität die Motoren tun würden. Für jedes Projekt gibt es einen eigens konfigurierten Simulationsrechner.

Original bei diesem „Plug and Work" sind automatisierte Funktionen, Schaltpulte, Messinstrumente und Bildschirme, also das komplette Automatik-, Kontroll- und Steuerungssystem der Anlage. Hier laufen in den deutschen Testzentren parallel zur Schulung des chinesischen Bedienerpersonals realitätsnahe Tests, deren Ergebnisse der Optimierung der einzelnen Komponenten dienen. Nach Test und Schulung baut SMS Demag die Schaltschränke und Steuerpulte ab, bringt sie zum Kunden nach China und schließt sie dort an die reale Anlage an. Dadurch verkürzt sich die Testphase beim Kunden.

Automation im Test in Hilchenbach, Foto SMS Demag

Die Simulationen entsprechen bis ins Detail der Wirklichkeit. Um sie zu entwickeln, reichen mathematische Modelle allein nicht aus, ebenso zählt empirisches Wissen. Wirklichkeitsnah erscheint dem Betrachter der Ablauf der Produktion. Wie in der Realität kann das Bedienungspersonal die Prozesse manuell beeinflussen und die in der Regel automatisierten Vorgänge überwachen. Damit können die grundlegende Bedienung, die Durchführung von Routinearbeiten, wie Coiltransport, Walzenwechsel und Verhalten bei Fehleranzeigen, geschult und geübt werden. Und weil die sogenannte Beta-Testphase in Hilchenbach stattfindet, lange bevor die gesamte Anlage in Betrieb genommen wird, verschafft das Zeitgewinn beim Produktionsanlauf. Komplexe kinematische[1] Zusammenhänge lassen sich nur schlecht zweidimensional darstellen. Dreidimensionale Simulation können Abhilfe schaffen. SMS Demag arbeitet mit dreidimensionaler Simulation für die reine Inbetriebnahme.

3D-Simulation eines Tandem-Walzgerüsts

[1] sich aus der Bewegung ergebend

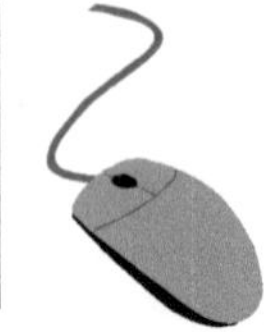

Simulationstechniken könnten – so eine Studie des Fraunhofer Instituts für Produktionstechnik und Automatisierung – die Anlaufphase einer Produktion um 15 Prozent verkürzen und in besonderen Fällen helfen bis zu 20 Prozent der Entwicklungskosten einzusparen.[1]

Visualisieren

SMS Demag arbeitet an der Weiterentwicklung von Konzeptionen und Softwaresystemen für die Visualisierung im virtuellen Raum. Grundlage für die Entwicklung der Visualisierungssoftware sind die Daten des CAD-Systems, das für die Konstruktion der Anlagen verwendet wurde.

Projektionen in einer würfelförmigen Kabine (Größe 3x3x3 Meter), dem sogenannten „Cave“, vermitteln dem Betrachter den Eindruck, in der Mitte der Produktionshalle zu stehen und von dort den Betrieb der Anlage zu beobachten.

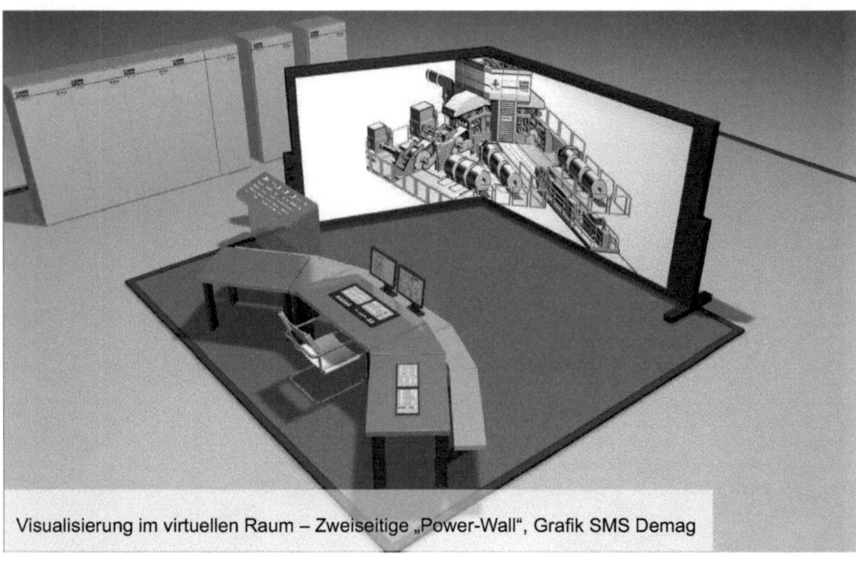

Visualisierung im virtuellen Raum – Zweiseitige „Power-Wall“, Grafik SMS Demag

[1] Entscheidender Kostenfaktor: Investitionen für die Konfiguation der Simulationsrechner

Besucher des Cave tragen Polarisationsbrillen, welche die dreidimensionale Wahrnehmung erzeugen.

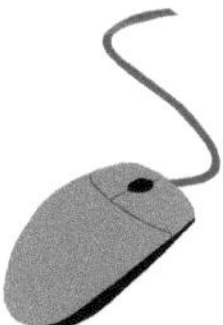

Foto SMS Demag

Foto: SMS Demag

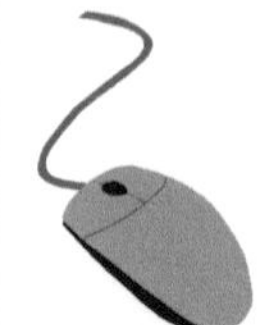

Ein Kamerasystem, das mit einem Computer korrespondiert, registriert fortlaufend Kopfposition und Blickrichtung des Besuchers, um diese permanent an die Projektion anzupassen. Um dem Betrachter ein regelrechtes Eintauchen in die virtuelle Welt zu ermöglichen,[1] hat die Spezialbrille Positionsantennen, deren Koordinaten das gezeigte Bild der Anlage in Echtzeit mit der Position und dem Blickwinkel der Person in Einklang bringen. In Wirklichkeit müsste man sich durch die Halle bewegen, um Details der Anlage betrachten zu können. In der virtuellen Realität verändert der Betrachter seinen Standort nicht, sondern zoomt mit einem Steuergerät. So kann er die Anlage im Überblick erfassen oder Teile davon zum Greifen nahe betrachten. Im Gegensatz zur Realität ist es sogar möglich, Bauteile hinter Verkleidungen in Augenschein zu nehmen.

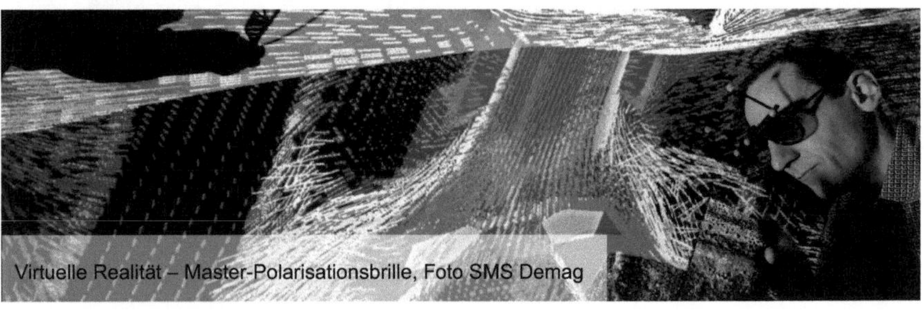

Virtuelle Realität – Master-Polarisationsbrille, Foto SMS Demag

Anwendungsbreite

Den Nutzen der aufwendigen wie technisch anspruchvollen Simulations- und Visualisierungsmodelle haben Projektplaner, Konstrukteure, Monteure, Bedienungspersonal und potentielle Kunden gleichermaßen. Den Bedürfnissen der Nutzer entsprechend, können die Darstellungen gewählt werden. Einkäufer und Spediteure haben sicher weniger Interesse an technischen Details als Entwickler und Techniker. Alle haben aber die Möglichkeit, die Informationen, die Simulationstechniken bieten, über gesonderte Schnittstellen mit Daten aus Power Point, SAP- und Notes-Anwendungen zu ergänzen. Solche Softwaresysteme, die üblicherweise Betriebswirte und Wirtschaftsinformatiker benutzen, sind mit CAD-Programmen und -Datenbanken für die Simulation und Visualisierung vernetzt.

[1] Immersion

Quellen

1. A.T. Kearny (2007): Offshoring-Studie 2007
2. Absatzwirtschaft, 26.11.2008
3. Adler, N.J. (2002): International Dimensions of Organizational Behaviour
4. Allam, F. (2004): Der Islam in einer globalen Welt. Mailand 2004
5. Aust, S.; Richter, C.; Ziemann, M. (2008): Wettlauf um die Welt. München 2008
6. Betriebsratspraxis 11 / 2008
7. Blumauer, A.; Pellegrini, T. (Hrsg.) (2009): Social Semantic Web. Web 2.0 – Was nun. Berlin Heidelberg 2009
8. Boes,A.; Schwemmle, M.: Herausforderungen Offshoring. Internationalisierung und Auslagerung von IT-Dienstleistungen. Hans-Böckler-Stiftung, Deutschland. 2004
9. Boes; A. (2006): Offshoring und die Notwenigkeit nachhaltiger Internatioalisierungsstrategien. In: Informatik-Spektrum 29_4_2006
10. CHEManager-europe@gitverlag.com; 11/2008
11. Christopher, M. (1998): Logistics and Supply Chain Management. Strategies for Reducing Costs and Improving Service. Financial Times Management. London et al. 1998
12. Der Ferrostaaler, 28.10.2005. Sonderausgabe zum 75. Firmenjubiläum der MAN Ferrostaal
13. Die Welt v. 01.10.2007
14. Die ZEIT, Zeitmagazin zur US-Wahl 2008
15. Die ZEIT Nr. 7 2009
16. Dirk Larisch: Citrix Presentation Server (inkl. Version 4)
17. Dodd, Carley H. (1998): Dynamics of Intercultural Communication
18. Feldkirchen, W.; Hilger,S. (2001): Menschen und Marken. Würzburg 2001
19. Fiedler, Teja; Sandmeyer, Peter (2002): Abenteuer Menschheit. München 2002
20. Fischer, J. ,Dangelmaier, W., Nastansky, L.; Suhl, L. (2008): Bausteine der Wirtschaftsinformatik. Grundlagen und Anwendungen

21. Franzisky, P.; Kabasci, K. (2006): Oman. Bielefeld 2007
22. Friedman, T.L. (2006): Die Welt ist flach.
Eine kurze Geschichte des 21. Jahrhunderts. Frankfurt 2006
23. Friedman, T.L. (2006): The World is flat. London 2006
24. Giordano, M.; Hummel, J. (Hrsg.) (2005): Mobile Business.
Wiesbaden 2005
25. Großmann, Martina; Koschek, Holger (2005):
Unternehmensportale. Berlin Heidelberg 2005
26. Hansen, K.(2005): Erfolgreiches Management beruflicher
Auslandsaufenthalte. Berlin 2005
27. Harvard Business Manager. Mai 2006. Deutsche Ausgabe
28. Hecht-El Minshawi, Beatrice (2003): Interkulturelle Kompetenz
– For a Better Understanding. Weinheim, Basel, Berlin 2003
29. Heck, Gerhard (2007): Abu Dhabi. Ostfildern 2007
30. Henkel Geschäftsbericht 2007
31. Henkel Nachhaltigkeitsbericht 2007: Unsere Verantwortung
32. Henkel-Life 10 / 2008
33. Henkel-Life 11 / 2008
34. Henkel-Life 2 / 2007
35. Hirn, W. (2007): Angriff aus Asien. Frankfurt a.M. 2007
36. Höchlin, Lisa (1994): Managing Cultural Differences.
Strategies for Competitive Advantage
37. Hofstede, G. (1980/2001): Culture's Consequences
38. Huntington, S.P. (1998 und 2002): Kampf der Kulturen.
München, Wien 1998 und 2002
39. Huntington, S.P.; Harrison, L. (2004):
Streit um Werte. München, Wien 2004
40. Info – Magazin für die Mitarbeiter der SMS group; 9. Jg., 08.09.2008
41. Klein, Hans-Michael (2004):
Cross Culture – Benimm im Ausland. Berlin 2004
42. Kratochwil, Gabi (2006): Business-Knigge Arabische Welt. Zürich 2006
43. Küng, Hans (2005): Spurensuche. München 2005

44. Küng, Hans (2006): Projekt Weltethos. München 2006
45. Lewin, Arie Y.; Peeters, C. (2006): Offshoring als Wachstumsmotor. In: Harvard Business Manger. Mai 2006
46. Lewis, R. D. (1999): Handbuch interkulturelle Kommunikation. Frankfurt, New York 1999
47. Lorenz,E.: Männer am Werk.Stuttgart 1939
48. MAN Ferrostaal: Geschäftsbericht 2007
49. MAN Ferrostaal: Das Echo, Januar 2006
50. MAN Ferrostaal: Das Echo, August 2007
51. MAN Ferrostaal: Das Echo, Dezember 2007
52. MAN Ferrostaal: Das Echo, Juni 2008
53. MAN Ferrostaal: People Business
54. MANforum 01 / 2008
55. Nico Lüdemann: Citrix Presentation Server 4.5
56. Oppel, Kai (2006): Business Knigge International – Der Schnellkurs. München 2006
57. Pera, M.; Ratzinger, J. (2004): Ohne Wurzeln. Der Relativismus und die Krise der europäischen Kultur. Mailand 2004
58. Peter, James(2005): The Arab World Handbook. London 2005
59. Ploetz: Hauptdaten der Weltgeschichte
60. Popkin, J.M.; Iyengar, P.; Gartner, Inc. (2007): IT and the East. How China and India are altering the future of technology and innovation
61. Porter, Michael E.: Competition in Global Industries. New York 1986
62. Ritter, M.; Zeitler, K. (2000): Armut durch Globalisierung. Wohlstand durch Regionalisierung. Graz, Stuttgart 2000
63. Schaaf, J. (2004): Digitale Ökonomie und struktureller Wandel, Deutsche Bank Research. August 2004, Nr. 45
64. Schmidt, H. (2006): Globalisierung. München 2006
65. Schmidt, Helmut (2008): Außer Dienst. Eine Bilanz. München 2008
66. Schneider, S. ; Barsoux, J.L. (1997): Managing Across Cultures. London
67. Scholl-Latour, P. (2002): Kampf dem Terror, Kampf dem Islam. München 2002

68. Schumann, Harald; Grefe, Christiane (2008):
Der globale Countdown. Köln 2008
69. Seufert, S.; Mayr, P. (2002). Fachlexikon e-le@rning
70. SMS Demag: Die Welt entdecken. Ihre Karriere bei der SMS Demag
71. SMS Demag: Mit Plug&Work der Zeit voraus
72. SMS Demag: Modernisierung Warmwalzwerk Aleris
73. SMS Demag: Vielrollen-Walzgerüste für Edelstahlbänder
74. SMS group. Verbund mit klarer Linie. Geschäftsbericht 2007
75. SMS group: Kurze Geschichte einer langen Entwicklung
76. SMS group: Info – Magazin für die Mitarbeiter Juni 2008
77. SMS group: Info – Magazin für die Mitarbeiter September 2008
78. SMS group: Newsletter 2 / 2008
79. SMS group: Newsletter 3 / 2008
80. Stahlknecht, P. Hasenkamp, U. (2005):
Einführung in die Wirschaftsinformatik. Berlin, Heidelberg 2005
81. Steimle, T. (2007): Softwareentwicklung im Offshoring.
Berlin Heidelberg 2007
82. Stiglitz, Joseph (2006): Die Chancen der Globalisierung. München 2006
83. Stiglitz; Joseph (2002): Die Schatten der Globalisierung. Berlin 2002
84. Süddeutsche Zeitung vom 21.02.2008
85. The Report – Oman 2008. Oxford Business Group
86. Thomas, A.; Kammhuber, S.; Schroll-Machl,S. (Hrsg.) (2003):
Handbuch interkulturelle Kommunikation und Kooperation, Band 1:
Grundlagen und Praxisfelder,Göttingen 2003
87. Thomas, A.; Kammhuber, S.; Schroll-Machl,S. (Hrsg.) (2003):
Handbuch interkulturelle Kommunikation und Kooperation. Band 2:
Länder, Kulturen und interkulturelle Berufstätigkeit, Göttingen 2003
88. Tibi, Bassam (2007): Die islamische Herausforderung.
Religion und Politik im Europa des 21. Jahrhunderts, Darmstadt 2007
89. Trompenaars, F.; Hampden-Turner, C. (1993):
Riding the Waves of Culture, London 1993

90. Trompenaars, F.; Wooliams, P. (2004): Business Weltweit: Der Weg zum interkulturellen Management, Hamburg 2004
91. Waldenfels, H.; Oberreuter, H. (Hrsg.) (2004): Der Islam – Religion und Politik, Paderborn 2004
92. Wirtschaftswoche v. 06.10.2008

INTERKULTURELLES MEDIENMANAGEMENT

Herausgegeben von Edda Pulst

Band 1
Edda Pulst und Teja Finkbeiner
Digitale Brücken
Lohmar – Köln 2003 • 186 S. • € 42,- (D) • ISBN 3-89936-057-5

Band 2
Edda Pulst und Teja Finkbeiner
IRAN im Informationszeitalter
Lohmar – Köln 2006 • 154 S. • € 19,90 (D) • ISBN 3-89936-442-2

Band 3
Edda Pulst und Teja Finkbeiner
Firmenwelten
Länder – Netze – Fakten
2. Auflage
Lohmar – Köln 2013 • 156 S. • € 25,- (D) • ISBN 978-3-8441-0241-3

Band 4
Edda Pulst und Teja Finkbeiner
Arabische Notizen
Lohmar – Köln 2011 • 180 S., Hardcover • € 25,- (D) • ISBN 978-3-8441-0079-2

JOSEF EUL VERLAG